# DIE PANTHERSCHILDKRÖTE
## *STIGMOCHELYS PARDALIS*

Mario Herz

**Paarung von Pantherschildkröten**
Foto: M. Herz

# Inhalt



Bildnachweis
Titelbild: *Stigmochelys pardalis babcocki* beim Schlupf Foto: M. Herz
Kleines Bild: Junges Männchen Foto: M. Herz
Seite 1: Neugierige Pantherschildkröte Foto: K. Kunz



ISBN 978-3-86659-181-3

5., aktualisierte Auflage 2021


An der Kleimannbrücke 39/41
48157 Münster
www.ms-verlag.de

Geschäftsführung: Matthias Schmidt
Lektorat: Mike Zawadzki & Kriton Kunz
Layout: Tanja Denker/Wiebke Werner
Druck: Pario Print, Krakau

# Vorwort

DIE Pantherschildkröte (*Stigmochelys pardalis*) gehört zu den bei Liebhabern von Landschildkröten begehrtesten Pfleglingen. Dank ihrer imposanten Größe sowie des unverwechselbaren und kontrastreichen Aussehens war und ist sie eine der meistgepflegten tropischen Landschildkröten in Menschenobhut. In Privathand war die Pantherschildkröte bis zum Ende des letzten Jahrhunderts zwar noch selten anzutreffen – viele Faktoren, wie die Größe der erwachsenen Exemplare, die zu verabreichenden Futtermengen, das große Wärmebedürfnis und vor allem die geringe Verfügbarkeit der Tiere im Handel, sprachen gegen eine Haltung bei privaten Schildkrötenliebhabern. Doch mit dem stetigen Zuwachs an Wissen um die Haltungsansprüche dieser imposanten Schildkröte und der einfacheren Möglichkeit zum Erwerb der Tiere stieg auch die Nachfrage. Die Anzahl der gehandelten und importierten Tiere in den Jahren 1977–1999 belegte VETTER (2005). Leider sind Eingewöhnung und Haltung frisch importierter – insbesondere adulter – Pantherschildkröten nicht einfach. Durch den Transportstress haben sie mitunter irreparable gesundheitliche Schäden davongetragen. Sofern man die Wahl hat, sollte diese auf Nachzuchttiere fallen. Mittlerweile sind die Nachzuchterfolge

**Junges Männchen im Freilandterrarium des Verfassers** Foto: M. Herz

so reichlich, dass der Bedarf damit gedeckt werden kann. Nachzuchten eignen sich wesentlich besser zur Pflege, da sie im Vergleich zu Importtieren gesünder sind und sich besser eingewöhnen lassen. Wird man den Ansprüchen an ihre Haltung gerecht, ist diese Schildkrötenart auch für den Anfänger in der Schildkrötenhaltung empfehlenswert.

Man kann sie witterungsabhängig von Ende Mai bis Mitte September mit entsprechendem Schutz vor Witterungseinflüssen im Freiland halten, allerdings angesichts ihrer Herkunft nicht ohne beheizbares Frühbeet- oder Gewächshaus. Während der kalten Jahreszeit ist die Pantherschildkröte in geräumigen Terrarien oder zu Terrarien umgebauten Zimmern – bevorzugt in Wintergärten bzw. beheizten Gewächshäusern – mit entsprechender Grundtemperatur zu pflegen. Niemals dürfen sie kühl gehalten oder gar überwintert werden. Damit Sie diese sehr interessante, faszinierende und liebenswerte afrikanische Landschildkröte erfolgreich pflegen können, möchte ich Ihnen in diesem Buch wichtige Tipps und Anregungen zur Haltung geben.

*Mario Herz*

**Beheizbare Wintergärten, welche direkt an das Freilandterrarium angeschlossen sind, eignen sich vorzüglich zur Haltung und Pflege von *Stigmochelys pardalis*. Eine kleine Tür wie auf der Abbildung sorgt als Öffnung für das ungehinderte Frequentieren der Schildkröten zwischen Freilandgehege und Innenterrarium.** Foto: M. Herz

# Beschreibung und Verwandtschaft

Im Jahr 1828 wurde die Pantherschildkröte vom englischen Wissenschaftler Bell als *Testudo pardalis* beschrieben. Die Terra typica (der Fundort des zur Beschreibung dienenden Exemplars) ist die Provinz Western Cape in Südafrika. Aufgrund morphologischer Unterschiede ostafrikanischer Tiere – insbesondere wegen der abweichenden Größe – beschrieb Loveridge (1935) die Unterart *T. p. babcocki*. Terra typica dieser Unterart sind die westlichen Hänge des Mount Debasien, Karamoja, in Uganda. Nachdem man die Pantherschildkröte lange Zeit der Gattung *Geochelone* zurechnete, wurde sie mittlerweile in die Gattung *Stigmochelys* überführt (Fritz & Havas 2006; Fritz & Bininda-Emonds 2007).

Die Ostafrikanische Pantherschildkröte (*S. p. babcocki*) ist im Gegensatz zur Nominatform (die zuerst beschriebene Unterart) höher gewölbt und erreicht selten ein Gewicht von über 11 kg. Nach Ernst & Barbour (1989) beträgt das Verhältnis von Rückenpanzerlänge zu -höhe bei ihr zwischen 1,61 und 2,07 (bei *S. p. pardalis* 2,02–2,62). Aufgrund ihres großen Verbreitungsgebietes variiert diese Unterart im äußeren Erscheinungsbild deutlich.

Die Weibchen der Südafrikanischen Pantherschildkröte (*S. p. pardalis*) erreichen im Durchschnitt ein Gewicht von 15–20 kg, Männchen wiegen 10–15 kg. Die Tiere besitzen einen weniger hohen und stärker abgeflachten Panzer als *S. p. babcocki*.

**Auf diesem Panzer einer Pantherschildkröte sind deutliche Zuwachsringe zu erkennen** Foto: M. Herz

Im riesigen Verbreitungsgebiet der Pantherschildkröte lassen sich teilweise große morphologische Unterschiede zwischen Tieren aus unterschiedlichen Populationen sowohl in Ostafrika als auch in Südafrika feststellen. Amer & Sallam (2006) bemerkten, dass die genetischen Unterschiede von Pantherschildkröten aus Tansania, Kenia und Somalia nur sehr gering sind und dass die morphologischen Unterschiede, die man in einzelnen Populationen findet, auf regionalspezifische Anpassungen zurückgehen. Solche Merkmale können aber natürlich nicht zur Beschreibung von Unterarten herangezogen werden. Aufgrund genetischer Untersuchungen an Pantherschildkröten aus dem gesamten Verbreitungsgebiet kommen Fritz et al. (2010) zu dem Schluss, dass sich bei dieser Spezies keine Unterarten abtrennen lassen. Eine regional begrenzt vorkommende, großwüchsige Form, die bislang nicht als eigene Unterart beschrieben wurde und zu *S. p. babcocki* zählt, sind die sog. „Giants" aus Äthiopien.

Die Pantherschildkröte ist eine der größten Landschildkröten des afrikanischen Kontinents. Sie kann durchaus eine Länge von über 90 cm („Giants") erreichen und über 50 kg schwer werden. In

**Ventralansicht eines Pärchens Pantherschildkröten (das große Tier rechts ist das Weibchen). Die hintere Panzeröffnung wird bei Männchen im Lauf der Zeit immer kleiner.** Foto: M. Herz

Addis Ababa (Äthiopien) wurde z. B. ein Weibchen mit 73 cm Carapaxlänge vermessen, welches ein Gewicht von 67,5 kg aufwies (Mill, pers. Mittlg.). Der publizierte Rekord einer weiblichen Pantherschildkröte aus Südafrika liegt bei 75 cm Carapaxlänge und 56 kg (Vetter 2005). Männchen bleiben meist kleiner als Weibchen und besitzen einen längeren Schwanz, auch ist ihr Bauchpanzer konkav. Die Subcaudalschilde (paarige hintere Schilde am Plastron, auch Analschilde genannt) formen bei den Weibchen eine U-förmige Öffnung, während diese bei Männchen mehr V-förmig ist. Der Winkel ist also bei den Männchen nicht so

**Plastronansicht eines Weibchens. Beachte die langen Krallen. Diese können auch als sekundäres Geschlechtsmerkmal herangezogen werden.** Foto: M. Herz

**Plastronansicht eines Männchens der Pantherschildkröte. Beachte die schmale Panzeröffnung zwischen Anal- und Supracaudalschild.** Foto: M. Herz

spitz, sondern deutlich weiter als bei weiblichen Exemplaren. Das Postcentrale (After- oder Schwanzschild) ist nach unten gebogen und immer ungeteilt, zudem bei Männchen nach innen gebogen. Der Panzer ist hoch gewölbt, mit steil abfallenden Seiten. Meist wirken die Weibchen eher tonnenförmig und mächtiger als die Männchen, deren Panzer länger gestreckt, schmaler und flacher ist. Die Randschilde, sowohl vorne als auch hinten, sind gesägt. Ein Nackenschild ist nicht vorhanden, dafür befindet sich an dieser Stelle eine Einkerbung. In freier Natur weisen die Vertebralschilde (Schilde über der Wirbelsäule) der Tiere manchmal eine geringe Höckerbildung auf (VETTER 2005). Bei in Terrarienhaltung aufgezogenen Pantherschildkröten ist eine solche Höckerbildung bei vielen Exemplaren sehr ausgeprägt. Meiner Meinung nach ist dies auf ein zu schnelles Wachstum zurückzuführen.

Die Tiere besitzen einen mittelgroßen Kopf, die vordere Stirnschuppe ist bei allen Pantherschildkröten groß und zweigeteilt. An den Vorderfüßen befinden sich je fünf, an den Hinterfüßen je vier Krallen. Die hinteren Krallen sind bei den Weibchen kräftiger und länger als bei den Männchen. Die Vorderbeine weisen unregelmäßig geformte Schuppen in 3–4 Längsreihen auf. An den Fersen der Hinterbeine besitzen die Tiere ausgeprägt kegelförmige Hornschuppen. Rechts und links der Schwanzwurzel befinden sich Höckerschuppen. Das Schwanzende zeigt keinen Hornnagel. Die Grundfarbe des Rückenpanzers ist überwiegend Gelb bis Hellbraun. Darauf sind einzelne schwarze Flecken unregelmäßig verteilt. Dieser Fleckenzeichnung verdankt die Art auch ihren Namen (lat. „pardalis" = Panther). Mit zunehmendem Alter verwischt die kontrastreiche Zeichnung zu einem Ocker- bis Braunton. Im Alter können die Tiere einheitlich dunkel gefärbt sein und sind dann auf den ersten Blick schwer als Pantherschildkröte zu identifizieren. Bei Exemplaren aus Südafrika verläuft dieser Wandel von einer kontrastreichen zu einer kontrastarmen Färbung wesentlich schneller als bei den Vertretern aus Ostafrika. Der Bauchpanzer ist bei adulten Tieren überwiegend uni hornfarben, mit einzelnen schwarzen Flecken oder Punkten.

Jungtiere zeigen nach dem Schlupf helle Areolen (Schildzentren) auf den Vertebral- und Costalschilden (Rippenschilden). *Stigmochelys p. babcocki* weist auf diesen Schilden meist je einen dunklen Fleck auf, während es bei der Nominatform zwei Flecken sind. Mit zunehmender Anzahl der schwarzen Wachstumsringe erscheinen erste Tüpfelungen, und bald ist die markante Panzerzeichnung (meist ab einem Gewicht von 150 g) sichtbar. Die Weichteile der Jungtiere sind bei der Nominatform mit sehr vielen schwarzen Flecken versehen, bei der Unterart aus Ostafrika sind sie gelb, mit wenigen schwarzen Tupfen.

**WUSSTEN SIE SCHON?**

Wie alle Reptilien ist auch die Pantherschildkröte poikilotherm (wechselwarm) und damit von der Umgebungstemperatur abhängig. Die nötige Wärme für ihre „Betriebstemperatur" erhält sie von der Sonne bzw. der Umgebungstemperatur. Die Pantherschildkröte ist sehr wärmebedürftig und sonnenhungrig. Wird es ihr zu heiß, sucht sie Schutz im feuchten Substrat oder in Gebüschen, wo es deutlich kühler ist.

**Wenige Tage alte Pantherschildkröte**
Foto: M. Herz

# Verbreitung

IN weiten Teilen des südlichen und östlichen Afrikas kommen Pantherschildkröten vor. Das Verbreitungsgebiet der Unterart *S. p. babcocki* erstreckt sich vom Süden Dschibutis und dem Süden des Sudans über Äthiopien, Somalia (außer dem Osten), Kenia, Uganda, Tansania, die Demokratische Republik Kongo, Sambia, Simbabwe, Malawi, Mosambik, Botsuana, Swasiland und Namibia bis in den Südwesten von Angola. Das Vorkommen von *S. p. pardalis* reicht von Südafrika bis zu einer Reliktpopulation im Süden von Namibia. Im Südwesten von Südafrika kommt es zu einer Mischzone, in der beide Unterarten anzutreffen sind. Dort kann es auch zu Intergrades (Übergangsformen) zwischen beiden Formen kommen.

Ungefähres Verbreitungsgebiet der Pantherschildkröte

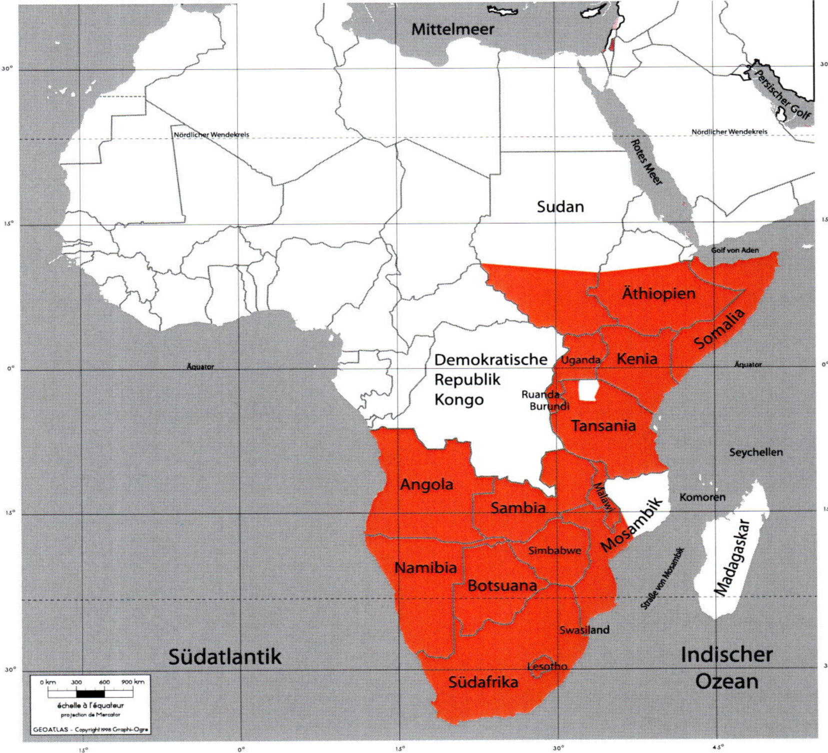

**Natürlicher Lebensraum der Pantherschildkröte im Tangire-Nationalpark von Tansania**
Fotos: M. Schilde

# Lebensraum und Verhalten

DIE tagaktive Pantherschildkröte besiedelt unterschiedliche Habitate. Generell bevorzugt sie heiße und trockene, steppenartige Gebiete (PHILIPPEN 2006; WOLFF 2006), wie sie in Trockenwäldern und Dornbuschsavannen mit Grasbewuchs vorhanden sind. Auf jeden Fall müssen Rückzugsmöglichkeiten vor zu intensiver Sonneneinstrahlung zur Verfügung stehen. Sehr oft sind inmitten dieser Gebiete Felsansammlungen zu finden. An den nördlichen und südlichen Grenzen des Verbreitungsgebietes müssen die Tiere mit starken Temperaturschwankungen zurechtkommen. In Äthiopien und in Südafrika kann die Temperatur teilweise bis zum Gefrierpunkt sinken. Man findet die Tiere von Meereshöhe bis auf 2.900 m ü. NN (RÖDEL 1992). Die klimatischen Voraussetzungen in den Trockenlandschaften sind ansonsten fast überall gleich. Charakteristisch sind die extremen Temperaturschwankungen. Tags-

**Freilandaufnahme einer *Stigmochelys pardalis babcocki* aus Tansania** Foto: M.Schilde

über können die Temperaturen schnell auf Werte ansteigen, die auch für die sonnenhungrige Pantherschildkröte gefährlich werden, und nachts kommt es zu einer deutlichen Abkühlung. *Stigmochelys pardalis* hat ihren Tagesablauf auf diese enormen Temperaturschwankungen eingestellt. Als Frühaufsteher wärmt sie sich mit den ersten Sonnenstrahlen auf, um dann auf Futter- und Partnersuche zu gehen. Durch ihre Färbung und Zeichnung ist die Pantherschildkröte in ihrem natürlichen Verbreitungsgebiet sehr schwer zu entdecken. Während der heißen Mittagszeit sucht sie Schutz in schattigen Verstecken, wo es einige Grad kühler ist. Wenn die größte Hitze am Nachmittag vorbei ist, folgt eine zweite Aktivitätsphase, die allerdings kürzer ist als die erste.

In den Monaten Juni bis September beträgt die Sonnenscheindauer im Verbreitungsgebiet in Ostafrika (Mombasa/Kenia) durchschnittlich 7,75 h/Tag, in Südafrika (Cape Town/Südafrika) 6,38 Stunden. In Deutschland beträgt die Sonnenscheindauer in diesem Zeitraum durchschnittlich sieben Stunden. Von November bis Februar liegt die Sonnenscheindauer in Ostafrika bei durchschnittlich 8,80 h/Tag, in Südafrika bei 10,60 h/Tag, in Deutschland dagegen bei nur 1,40 h/Tag (Müller 1996). Diese Daten sind bei der Haltung der Tiere zu berücksichtigen.

**Pantherschildkröte auf einer Schotterpiste in Südafrika** Foto: A. Schillert

Die Hauptaktivitätszeit liegt in Ostafrika in der Regenzeit, von Ende März bis Anfang Juni. In Südafrika ist der Frühling von September bis November die Zeit, in der die Pantherschildkröten am häufigsten im Biotop anzutreffen sind. Grundsätzlich sind diese Reptilien das ganze Jahr über aktiv. Gelegentlich können bei andauernden sehr heißen Temperaturen und kargem Nahrungsangebot aber Ruhephasen (Sommer- bzw. Trockenruhe) eingelegt werden, um diese lebensfeindliche Zeit zu überdauern.

In der Trockenzeit fällt kaum einmal Regen, und dann findet sich kein grüner Halm mehr am Boden, sondern nur noch vertrocknete Vegetation. Diese besteht nach VETTER (2005) u. a. aus *Azima tetracantha*, *Capparis sepiaria*, *Carissa haematocarpa*, *Euphorbia triangularis*, *Maytenus capitata*, *Rhus longispina*, *Salsola kali* und *Acacia karroo*. Weiterhin sind die eingeschleppten Feigenkakteen der Gattung *Opuntia* zu nennen. Diese werden nicht nur in freier Natur, sondern auch unter Terrarienbedingungen gerne gefressen. MCMASTER & DOWNS (2008) fanden heraus, dass Pantherschildkröten über einen flexiblen Stoffwechsel verfügen, der es ihnen erlaubt, plötzlich auftretende Schwankungen hinsichtlich der verfügbaren Nahrung und Flüssigkeit auszugleichen. Durch diese Anpassung können die Schildkröten während des Jahresverlaufs extrem unterschiedliche Nahrung nutzen, u. a. auch Früchte.

Mit Beginn der Regenzeit erwacht die Natur, und die Vegetation explodiert förmlich. Jetzt finden die Schildkröten ein reichliches Nahrungsangebot in Form verschiedener Kräuter, Gräser und anderer Grünpflanzen. Sie nehmen in dieser Zeit sehr viel Nahrung auf, sammeln Reserven und wachsen dabei enorm. Daher resultieren auch die deutlichen Wachstumsringe auf dem Carapax, von denen eine Pantherschildkröte in einem optimalen Jahr bis zu acht Stück zulegen kann. Pantherschildkröten bilden keine festen Reviere. Sie besitzen einen Aktionsradius von durchschnittlich ca. 80 m pro Tag. In der Trockenzeit legen die Tiere größere Strecken auf der Suche nach Nahrung zurück als in der Regenzeit, wenn mehr Futter verfügbar ist (VETTER 2005). Männchen sind wahre Wanderer, und besonders zur Fortpflanzungszeit streifen sie weit umher. Nach eigenen Beobachtungen zeigen in menschlicher Obhut gepflegte Tiere einen ähnlichen Wandertrieb.

## Voraussetzungen der Schildkrötenhaltung

VOR dem Erwerb von Pantherschildkröten ist ein Erfahrungsaustausch mit langjährigen Haltern und Züchtern dieser Art zu empfehlen. Auch das Studium weiterer Schildkrötenliteratur ist hilfreich, um grundlegende Kenntnisse über Biologie und Pflege dieser Reptilien zu erlangen. Da Schildkröten sehr alt werden

**Pantherschildkröten aus Südafrika beim Weiden im Freilandterrarium** Foto: S. Wlach

können, muss die Bereitschaft zur langjährigen Haltung und artgerechten Pflege vorhanden sein. Klingelhöffer (1959) gibt ein Alter in Menschenhand gehaltener Pantherschildkröten von über 30 Jahren an. In der Natur lebende Pantherschildkröten erreichen nach Loveridge & Williams (1957) ein Alter von mehr als 42 Jahren. Auf der Insel Martinique lebte eine Pantherschildkröte mehr als 98 Jahre in Menschenobhut (Vetter 2005).

Mit ihrem gefälligen Aussehen stechen Jungtiere der Pantherschildkröten in den Verkaufsterrarien des Zoofachhandels andere angebotene Landschildkröten aus. Man muss sich aber der Tatsache bewusst sein, dass es sich bei dieser Landschildkröte um eine groß werdende, tropische Art handelt. Die enormen Platz- und Futteransprüche dieser liebenswerten Tiere müssen erfüllt werden. Mit zunehmendem Alter und der damit einhergehenden Gewichtszunahme wird ein Handling mit ihnen schwieriger. Auch Nachzuchten von Schildkröten bleiben Wildtiere mit ihren speziellen Ansprüchen. Es sollten sowohl ein Innen- wie auch ein Außenterrarium vorhanden sein. Zudem muss man auch die anfallenden Kosten berücksichtigen, wie z. B. für Terrarien, Wintergärten, Gewächshäuser, Baumaterial, Technik, Futter, Strom und Tierarztbesuche. Täglich nimmt die Pflege der Tiere Zeit und Mühe in Anspruch. Wenn Sie diesen Aufwand nicht scheuen, werden Sie viele Jahre Freude an Ihren Pantherschildkröten haben.

## Gesetzliche Bestimmungen

ALLE Landschildkrötenarten sind streng geschützt und unterliegen dem Washingtoner Artenschutzabkommen von 1973 (Anhang II). Zusätzlich ist die Pantherschildkröte durch EU-Artenschutzverordnung (Anhang B) und Bundesartenschutzverordnung (Schutzkategorie B der Verordnung EG Nr.338/97) geschützt. Pantherschildkröten sind meldepflichtig, und der Halter muss den legalen Erwerb und den rechtmäßigen Besitz gegenüber seiner zuständigen Behörde nachweisen können. Ein Erwerb von Schildkröten ohne erforderliche Bescheinigungen muss auf jeden Fall unterbleiben! Das bedeutet, dass der Halter mit dem Erwerb der Schildkröte von dem Verkäufer den Herkunftsnachweis (zum Nachweis der Besitzberechtigung gemäß § 22 BNatSchG und § 6 BartSchV) ausgehändigt bekommen muss. Ist das zu erwerbende Tier zuvor bei anderen Haltern gepflegt worden, ist ein lückenloser Nachweis darüber zu führen. Bei Importtieren sind Kopien der Einfuhrpapiere mit der entsprechenden Einfuhrnummer auszuhändigen. Fehlt der lückenlose Nachweis, kann das Tier beschlagnahmt werden (PHILIPPEN 2007)

Folgende Angaben sollen auf dieser Bescheinigung aufgeführt sein:

- Name des Verkäufers/Züchters/Käufers
- Nummer der Bescheinigung (Zuchtbuchnummer)
- Behörde, bei der das Tier zuvor gemeldet war
- Beschreibung des Exemplars
- Anzahl, EU-Anhang
- Herkunft und Ursprungsland
- Wissenschaftliche Bezeichnung und üblicher Handelsname
- Besondere Bedingungen (Fotodokumentation bei anderen EU-Ländern, z. B. Tschechische Republik) und Datum sowie Unterschrift und Stempel der ausstellenden Behörde

## Erwerb

DA Pantherschildkröten streng geschützt sind, kommen sie meist als Farmnachzuchten (z. B. aus El Salvador und Tansania) oder als Terrariennachzuchten in den Handel. Import-Nachzuchten und Wildfänge sind häufig mit Parasiten belastet und durch Zwischen-

**Am besten erwirbt man Jungtiere** Foto: M. Herz

haltung und den langen Transportweg gestresst, was sie in der Eingewöhnungsphase anfällig für Krankheiten macht. Die Eingewöhnung von adulten oder gar Importtieren bedarf einer großen Erfahrung. Ich rate dazu, Jungtiere aus Nachzuchten aufzuziehen. Sie sind immer die beste Wahl. Mit der Aufzucht von Jungtieren beginnt auch sogleich ein spannender Teil der Schildkrötenhaltung.

Die beste Möglichkeit, Pantherschildkröten zu erwerben, ist somit der Kauf bei einem Züchter, der zudem auch viele wertvolle Tipps und fachliche Beratung geben kann. Seine Tiere sind meist gut eingewöhnt, und der verantwortungsvolle Züchter bietet nur gesunde und futterfeste Exemplare an. Die Elterntiere können angesehen werden, sodass man einen Eindruck erhält, wie groß erwachsene Pantherschildkröten tatsächlich werden. Vor allem kann man dort die Haltungsbedingungen studieren. Ab und an werden auch ausgewachsene Exemplare angeboten. Diese sind jedoch oft sehr teuer und zudem nur sehr schwer einzugewöhnen.

Es ist empfehlenswert, mehrere Tiere aus verschiedenen Blutlinien (mindestens zwei) zu erwerben und gemeinsam aufzuziehen. Durch Futterneid fressen sie besser und sind aktiver, die Aufzucht gestaltet sich dadurch leichter. Darüber hinaus lassen sich interessante Beobachtungen und Vergleiche anstellen, wie sich einzelne Tiere zueinander verhalten.

Adressen von Züchtern erhalten Sie in den einschlägigen Fachzeitschriften wie z. B. der MARGINATA (siehe „Weitere Informationen") oder auch über Kleinanzeigen im Internet (z. B. www.reptilia.de). In vielen Orten gibt es Aquarien- und Terrarienvereine sowie Stadtgruppen der Deutschen Gesellschaft für Herpetologie und Terrarienkunde (DGHT), bei denen man ebenfalls Adressen von Züchtern erfragen kann. Es besteht auch die Möglichkeit, Nachzuchten der Pantherschildkröte im Zoohandel oder auf Börsen zu erwerben. Nehmen Sie sich Zeit vor dem Kauf, um Ihre zukünftigen Pfleglinge sorgsam und mit Bedacht auszuwählen. Spontankäufe sollten vermieden werden. Achten Sie auf folgende Kriterien: Ist die Schildkröte lebhaft? Weist der Panzer Beschädigungen auf, oder ist er gar weich? Sind die Augen klar? Die Nase darf nicht verklebt sein oder Ausfluss aufweisen. Das Tier muss geräuschlos atmen und frei von Verletzungen sein. Der Panzer sollte während der Fortbewegung hoch und waagerecht über dem Boden getragen werden, und die Schildkröte muss einen gut genährten Eindruck machen und angebotenes Futter gerne aufnehmen.

## Transport und Quarantäne

GRUNDsätzlich müssen Schildkröten sehr sorgsam transportiert werden. Hierfür eignen sich Kühlboxen (ohne Kühlakkus) oder Styroporkisten, damit die Tiere keinen Temperaturschwankungen unterliegen. Es ist darauf zu achten, dass die Behälter nicht der direkten Sonne oder Kälte ausgesetzt sind. Damit eventuelle Ausscheidungen aufgenommen werden können, ist ein saugfähiges Material in die Transportbehälter zu geben, z. B. Küchentücher. Große Schildkröten werden in entsprechend dimensionierten, reißfesten Säcken in einer der Größe des Tieres angemessenen, ausgepolsterten und thermostabilen Kiste bzw.

Box transportiert. Kleine Behälter, wie Tupperdosen oder ausgewaschene Margarinebehälter, die zuvor mit Luftlöchern versehen wurden und in eine thermostabile Box oder Kiste gestellt werden, eignen sich zum Transport von Jungtieren. Sind die Außentemperaturen sehr niedrig, ist eine Wärmflasche in den Transportbehältern zu legen. Zu beachten ist dabei, dass diese nicht mit zu heißem Wasser gefüllt wird, da die Schildkröte sich sonst verbrennen oder die Box überhitzen könnte.

Neuankömmlinge sind auf keinen Fall zu einem bereits vorhandenen Bestand zu setzen. Stattdessen werden sie in einem Quarantäneterrarium untergebracht. Der Alttierbestand wird so vor eventuellen Krankheiten geschützt. Darüber hinaus können neu erworbene Tiere gründlich auf mögliche Erkrankungen untersucht und, falls erforderlich, behandelt werden. Vor dem Einsetzen gönnen wir den Neuerwerbungen ein Bad von etwa 20 Minuten in lauwarmem Wasser.

Das Quarantäneterrarium verfügt über dieselbe Technik und Einrichtung (Versteckmöglichkeit) wie das spätere Terrarium. Man achte darauf, dass das Terrarium und die Einrichtungsgegenstände leicht zu reinigen sind.

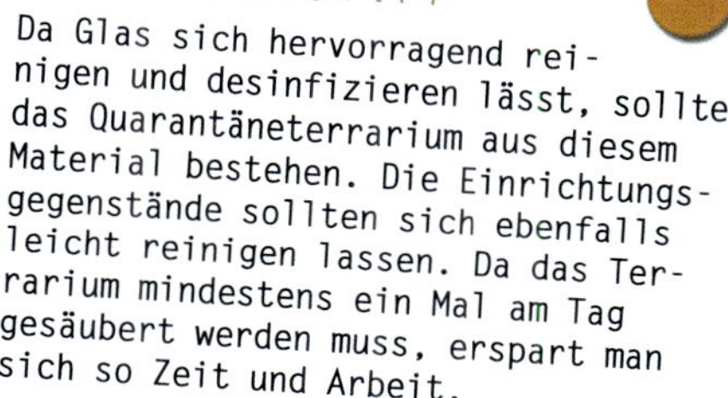
DER PRAXISTIPP

Da Glas sich hervorragend reinigen und desinfizieren lässt, sollte das Quarantäneterrarium aus diesem Material bestehen. Die Einrichtungsgegenstände sollten sich ebenfalls leicht reinigen lassen. Da das Terrarium mindestens ein Mal am Tag gesäubert werden muss, erspart man sich so Zeit und Arbeit.

**Eine Auswahl geeigneter Behälter für den Transport von Schildkröten**
Foto: M. Herz

Schildkröten können – ohne selbst daran zu erkranken – Dauerausscheider von z. B. Salmonellen sein. Auch können sie Amöben auf andere Tiere wie z. B. Echsen oder Schlangen übertragen. Daher ist es ratsam, nach dem Hantieren mit den Schildkröten, Einrichtungsgegenständen und dem Terrarium die Hände gründlich zu waschen und gegebenenfalls zu desinfizieren.

Wird Kot abgegeben, ist dieser von einem reptilienerfahrenen Tierarzt (Liste unter www.dght.de) oder einem Untersuchungslabor (siehe „Weitere Informationen") auf Parasiten zu untersuchen. Kot und Futterreste sind täglich zu entfernen. Bei sichtbarem Parasitenbefall muss der Bodengrund täglich gewechselt werden. Sind die Schildkröten sicher parasitenfrei, zeigen keine Auffälligkeiten und wurden von einem Tierarzt abschließend untersucht, kann die Quarantäne beendet werden.

Die Quarantäne hat ausreichend lange zu erfolgen. Erfahrungswerte gehen von mindestens zwei Monaten aus, besser ist jedoch ein Jahr. Ein Verbringen der Tiere in das Freilandterrarium während der Quarantäne hat zu unterbleiben, da dieses nicht desinfiziert werden kann. Mit entsprechenden Behältern können die Tiere aber während der Quarantänezeit an die frische Luft gebracht werden, damit sie natürlichem UV-Licht ausgesetzt sind.

## Vergesellschaftung

AUßER zur Aufzucht sollten Pantherschildkröten nicht mit anderen Landschildkröten vergesellschaftet werden. Durch ihr schnelles Wachstum würden sie anderen Schildkröten das Futter streitig machen und die besten Sonnenplätze belegen. Daher achte man darauf, nur gleich große Schildkröten miteinander zu vergesellschaften. Bei mir ist die gemeinsame Aufzucht bis zu einem Gewicht von 2 kg mit Spornschildkröten (*Centrochelys sulcata*) gelungen. Diese Art wächst vergleichbar zügig wie die Pantherschildkröte (HERZ 2007).

Sind die adulten Schildkröten nach Arten getrennt, werden auch unerwünschte Kreuzungen vermieden.

Die Haltung einer Gruppe einer Landschildkrötenart hat gegenüber der Einzelhaltung den Vorteil, dass so Paarungen, Eiablagen so-

**Panther- und Spornschildkröten bei der gemeinsamen Nahrungsaufnahme** Foto: M. Herz

wie Territorial- und Sozialverhalten beobachtet werden können. In solch einer Gruppe sollten die Weibchen in der Überzahl sein. Zu viele Männchen erhöhen den Paarungsstress auf die Weibchen, was zu Krankheiten und letztlich auch zum Tod einzelner Tiere führen kann. Obwohl männliche Pantherschildkröten kein so stürmisches Balz- und Paarungsverhalten wie etwa Breitrandschildkröten (*Testudo marginata*) aufweisen, erscheint eine Trennung der Geschlechter von Zeit zu Zeit sinnvoll. Viele Männchen zeigen sich oft unverträglich sowohl Geschlechtsgenossen als auch Weibchen gegenüber. Solche Tiere sind einzeln zu halten. Idealerweise besteht eine Gruppe aus einem Männchen und mehreren Weibchen.

Ein Freilandterrarium ist in gemäßigten Breiten im Sommer zu empfehlen und der Zimmerhaltung in dieser Jahreszeit vorzuziehen. Eine Gemeinschaftshaltung von Wasser- und Landschildkröten hat zu unterbleiben. Auch sollten Vertreter beider Gruppen nach Möglichkeit nicht zusammen in einem Raum gepflegt werden, denn es könnten Parasiten (Flagellaten, Hexamiten) übertragen werden.

## Das Terrarium

EIN Zimmerterrarium sollte nach den Mindestanforderungen an die Haltung von Reptilien (BUNDESMINISTERIUM FÜR ERNÄHRUNG, LANDWIRTSCHAFT UND FORSTEN 1997) für ein ausgewachsenes Paar als Länge die 8-fache Panzerlänge und als Tiefe die 4-fache Panzerlänge aufweisen. Das bedeutet, dass für ein Pärchen mit 50 cm Panzerlänge ein 4 m langes und ca. 2 m tiefes Terrarium zur Verfügung stehen muss! Für jedes weitere Tier sind mindestens 10 % mehr Grundfläche anzubieten.

Bei der Gestaltung und Einrichtung des Terrariums sollten wir einen Ausschnitt aus der Natur wiedergeben. Es muss allen natürlichen Ansprüchen der Tiere gerecht werden und mit mehreren Versteckmöglichkeiten, Schattenspendern und Rückzugsorten versehen sowie gut strukturiert sein. Hierfür können Baumstämme und Pflanzen – auch als Sichtschutz – eingebracht werden. Wichtig sind unterschiedliche klimatische Bereiche, wie Sonnen- und Schattenplätze, feuchte und trockene Stellen sowie Eiablageplätze.

**Eine Pantherschildkröte schaut aus seinem selbst gebauten Unterschlupf heraus** Foto: M. Herz

Wählt man die Fläche des Terrariums groß genug und pflegt nicht zu viele Tiere, so halten sich die Pflegemaßnahmen in Grenzen. Während der Aufzucht ist *S. pardalis* im Zimmerterrarium zu halten, eine Pflege der Tiere im Freilandgehege ist nur möglich, wenn die Witterungsbedingungen dies zulassen (Nachttemperaturen nicht unter 15 °C).

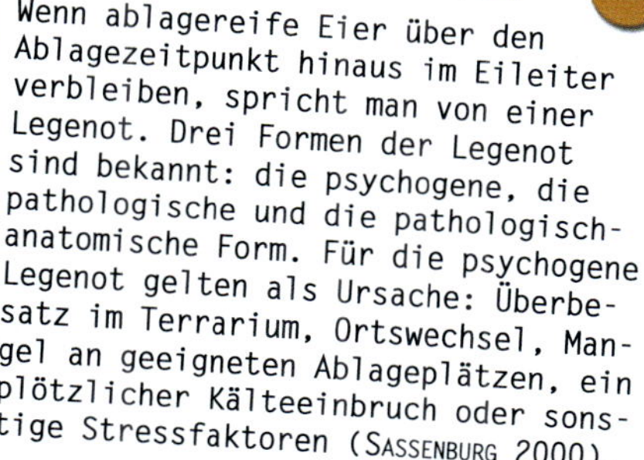

WUSSTEN SIE SCHON?

Wenn ablagereife Eier über den Ablagezeitpunkt hinaus im Eileiter verbleiben, spricht man von einer Legenot. Drei Formen der Legenot sind bekannt: die psychogene, die pathologische und die pathologisch-anatomische Form. Für die psychogene Legenot gelten als Ursache: Überbesatz im Terrarium, Ortswechsel, Mangel an geeigneten Ablageplätzen, ein plötzlicher Kälteeinbruch oder sonstige Stressfaktoren (SASSENBURG 2000).

Zur dauerhaften und artgerechten Unterbringung von Pantherschildkröten werden, wie schon betont, ein ausreichend dimensioniertes Innen- und ein entsprechendes Freilandterrarium benötigt. Im Idealfall ist das Freilandterrarium direkt an das Innengehege angeschlossen und beispielsweise durch eine Schwingtür zu erreichen. Die Tiere haben dann in der geeigneten Jahreszeit die Möglichkeit, zwischen den Gehegen zu wählen.

Das Freilandterrarium sollte über ein solides Schutzhaus (ca. 4 m² für bis zu drei Tiere) verfügen, das mit Laub oder Stroh gefüllt wird. Vorteilhafter ist ein im Gehege integriertes beheizbares Schutz- und Gewächshaus oder Frühbeet. Um die Tiere dort vor Überhitzung zu schützen, ist in einem solchen Gewächs- oder Schutzhaus der Einbau eines thermostatgesteuerten Fensteröffners wichtig. Wegen der Stressempfindlichkeit der Schildkröten sollten sie möglichst nicht hin und her transportiert werden; sind sie einmal in das Freilandterrarium gesetzt, sollten sie dort verbleiben, bis die Witterungsumstände im Spätsommer bzw. Herbst uns zwingen, die Schildkröten wieder in das Innenterrarium zu bringen. An kälteren Tagen muss das Schutz- oder Gewächshaus beheizt werden. Durch einen Strahler von 250–300 Watt erreicht man die erforderliche Wärme. In einem Frühbeethaus genügen Strahler mit einer Stärke von 60–150 Watt (je nach Größe der Tiere). Mittels eines Temperaturreglers können diese Strahler nach Bedarf zugeschaltet werden. Wegen der Brandgefahr muss unbedingt ein ausreichender Abstand zum Substrat beachtet werden. Im Zentrum des Strahlers sollte jedoch eine Temperatur von mindestens 45 °C erreicht werden. Für jedes erwachsene Tier ist ein Strahler zu installieren.

BIDMON (2006) zeigt Möglichkeiten zur Temperierung von Gewächshäusern und Frühbeeten durch das Einbringen von Wasserkanistern auf. Diese erwärmen sich durch die Temperaturen am Tag und geben in der Nacht die gespeicherte Wärme wieder ab. Dies erhöht die Vitalität der Tiere, sie fressen und verdauen besser, und ihr Allgemeinbefinden erhöht sich. Während der Fortpflanzungszeit kann so verhindert werden, dass Eier übertragen werden, also z. B. aufgrund mangelnder Wärme über den eigentlichen Eiablagezeitpunkt im Körper zurückbehalten werden (Legenot).

**Pantherschildkröten aus Südafrika beim Weiden im Freilandterrarium** Foto: S. Wlach

## Freilandterrarium

Wenn wir ein Freilandterrarium bauen, sind auch hierfür die oben genannten Mindestanforderungen zu berücksichtigen. Mein Zuchtpaar bewohnt von Mai bis September ein Freilandterrarium von ca. 400 m², das ein ca. 4 m² großes, beheizbares Gewächshaus aufweist. In diesem Freilandterrarium versorgen sich die Tiere auch weitestgehend selbst mit Futter (HERZ 2007). Generell sollte das Gehege so groß wie möglich bemessen sein, damit es naturnah gestaltet werden kann und um den Schildkröten zu ermöglichen, ihr natürliches Verhalten auszuleben. Zur zeitweiligen Trennung der Geschlechter oder zum Separieren von kranken oder dominanten Tieren ist ein Ausweichgehege einzuplanen.

In einem großen Außenterrarium können die entsprechenden Futterpflanzen eingebracht werden. Dadurch sind die Schildkröten während des Freilandaufenthaltes dann zumindest teilweise Selbstversorger.

Das Freilandgehege sollte den sonnigsten Platz im Garten einnehmen; von Vorteil ist die Ausrichtung nach Süden oder Südosten. Da Pantherschildkröten gut graben und klettern können, ist

**Frühbeet zur Aufzucht von Landschildkröten mit sich daran anschließendem geschützten Freilandauslauf** Foto: M. Herz

eine solide Einfriedung wichtig, die eine Höhe von mindestens 50 cm aufweisen und 30 cm tief in den Boden reichen sollte. Wichtig ist, dass die Einfriedung undurchsichtig ist (also z. B. keine Glasscheiben oder Maschendrahtzaun), da die Tiere sonst ständig am Rand der Begrenzung umherwandern. Zu vermeiden sind rechte Winkel. Besser ist eine runde Gestaltung der Freifläche. Die Einfriedung kann je nach Geschmack und Geldbeutel aus Holz, Stein, Beton oder Aluminiumblech bestehen. Sie muss so stabil sein, dass die Schildkröten sie nicht durchbrechen oder umstoßen können.

Wurzeln, ausgehöhlte Baumstämme, Steine und Altholz eignen sich zur Strukturierung des Geländes. Der afrikanische Lebensraum der Schildkröten kann hier Vorbild sein. Damit das Gehege nach einem Regenguss schnellstmöglich abtrocknet, muss der eingebrachte Boden wasserdurchlässig sein. Ist schwerer Lehmboden vorhanden, ist dieser abzutragen und dann eine Drainage zu legen, auf die sandiger Boden oder Kies

**Blick in ein beheizbares Gewächshaus als Anschluss an das Freigehege zur Haltung von Pantherschildkröten** Foto: M. Herz

feinster Körnung aufgebracht werden. Wenn das Freilandterrarium an einem Hang angelegt wurde und das Wasser abfließen kann, erübrigt sich diese Maßnahme.

Die Schildkröten benötigen zwar freie, trockene Flächen, um sich aufzuwärmen, aber insbesondere an heißen Tagen ist ein Schattenplatz wichtig. Dieser kann durch Einbringen von Kriechendem Wachholder, Ginster, Weinreben, Brombeerhecken, Roseneibisch (deren Blüten und Blätter gerne von den Schildkröten gefressen werden), Zuckerhutfichte oder Krüppelkiefern geschaffen werden. Auch Staudenpflanzen können als Schattenspender dienen. Lavendel, Rosmarin, Thymian, Salbei und Yucca leisten gute Dienste. Einige Pflanzen wie z. B. Eibe, Rhododendron oder Oleander sind für die Schildkröten giftig und sollten nicht eingesetzt werden. Agaven oder Kakteen (z. B. *Opuntia* sp.) können saisonal im Kübel in das Gehege gestellt oder auch eingepflanzt werden. Mitunter werden diese jedoch von den Schildkröten gefressen. Mit verschiedenen Futterkräutern sät man die übrige Fläche ein. Dafür verwendet man z. B. Löwenzahn, diverse Wegericharten, Lupine, Rotklee, Weißklee, Perserklee, Luzerne oder auch Fette Henne, Mauerpfeffer und Wilde Malve.

Ein 2–3 m² großer Eiablageplatz, der ganztägig besonnt sein muss, darf nicht fehlen. Dieser sollte leicht erhöht sein (ca. 30 cm) und in südöstlicher bis südwestlicher Ausrichtung sanft abfallen. Der Abla-

**Blick in ein Gewächshaus zur Haltung von Pantherschildkröten** Foto: M. Herz

**Semiadulte Pantherschildkröte im Freilandgehege. Leider schwindet die kontrastreiche Zeichnung mit zunehmendem Alter.** Foto: M. Herz

geplatz sollte mit Steinen eingefasst werden. Diese speichern die Wärme, was sich günstig auf das Mikroklima in unmittelbarer Umgebung auswirkt. Für den Hügel verwendet man Mutterboden oder ungedüngten Rindenkompost, mit Sand oder Kies feinster Körnung vermischt. Das Substrat darf nicht nass, sondern im Legezeitraum nur leicht feucht sein. Es muss kompakt und grabfähig sein und darf beim Graben nicht nachrutschen. Ein nicht geeigneter Eiablageplatz kann zu einer Legenot der Weibchen führen.

Eine Wasserschale, die temporär eingesetzt werden sollte, vervollständigt die Einrichtung. Empfehlenswert sind Geflügeltränken, da sie nicht so schnell verschmutzen.

**Südafrikanische Pantherschildkröte im Freilandterrarium. Ungünstig ist der durchsichtige Maschendrahtzaun.** Foto: M. Herz

## Zimmerterrarium

Bei der Pflege von Pantherschildkröten hat das klassische Zimmerterrarium nur bei der Aufzucht von Jungtieren und deren Quarantäne Bedeutung. Ausgewachsene Tiere werden in einem Wintergarten, Gewächshaus oder einem zum Terrarium umfunktionierten Raum gepflegt. Diese Räume müssen beheizbar sein, damit die erforderlichen Haltungstemperaturen erreicht werden können. Alternativ eignen sich auch ein ausgebauter Dachboden, ein entsprechend hergerichteter Kellerraum oder ein umgebauter Stall, aber im Idealfall verwendet man ein in der Größe entsprechendes Gewächshaus.

Zur Aufzucht im Winter werden handelsübliche Terrarien oder Plastikboxen mit den Maßen 100 x 50 x 50 cm (L x B x H) verwendet. Für zwei Jungtiere reicht diese Größe aus. Je nach Wachstum können sie darin 1–2 Jahre lang im Winter gepflegt werden. Das Terrarium ist dem Wachstum der Schildkröten anzupassen. In einem Terrarium von 3 x 2 m Größe können zwei Tiere mit 32 cm Panzerlänge und einem Gewicht von 6 kg gepflegt werden.

Im Terrarium sind tagsüber unterschiedliche Temperaturbereiche von 20–45 °C zu schaffen. Mit entsprechend dimensionierten Spotlampen wird die notwendige Wärme erreicht. Eine große Auswahl an Lampen findet man im Zoofachhandel. Da Schildkröten Wärme nur mit Helligkeit in Verbindung bringen, sollten Dunkelstrahler keine Verwendung finden. Um die notwendige Helligkeit im Terrarium zu erreichen, können gebräuchliche Leuchtstoffröhren oder besser HQI-Lampen verwendet werden. Inzwischen sind auch Leuchtstoffröhren mit UV-Anteilen erhältlich. Da diese die UV-Strahlen aber nur in einer geringen Reichweite abgeben, sollten die Lampen in einer geringen Höhe angebracht werden (Abstand Tier zur Lampe 10–20 cm). Pantherschildkröten brauchen zeitweise direkte Sonneneinstrahlung. Daher ist es von Vorteil, wenn das Raumterrarium einen Anschluss zum Freilandterrarium hat, sodass die Tiere dieses auch in der Übergangszeit nutzen können, wenn es das Wetter erlaubt.

**Adultes Weibchen im Zimmerterrarium**
Foto: M. Herz

**Als erster Bodengrund kommt bis zur Resorbierung des Dottersacks Küchentuch zum Einsatz**
Foto: M. Herz

# Technik

DER Zoofachhandel bietet eine Menge technisches Zubehör für alle Bereiche der Terraristik an. An erster Stelle stehen hier Leuchtmittel, die für Helligkeit, UV-Strahlung und Wärme sorgen – Grundvoraussetzungen, die die Pantherschildkröten benötigen. Andere Hilfsmittel wie Vernebler, Sprinkleranlagen oder Ultraschall-Befeuchter zur Aufzucht von Landschildkröten finden erst seit jüngster Zeit Verwendung. Ich halte sie dann für wichtig, wenn der Pfleger das tägliche Überbrausen der Tiere und der Terrarieneinrichtung mit Wasser nicht gewährleisten kann. Sobald der Vernebler in Betrieb ist, kann man eine erhöhte Aktivität der Schildkröten beobachten.

**Ein solcher Wärmestrahler ist äußerst wirkungsvoll und unbedingt als Zusatz im Schutzhaus des Freilandterrariums zu empfehlen** Foto: M. Herz

Pantherschildkröten haben eine Aktivitätstemperatur von 18–32 °C sowie eine Vorzugstemperatur von 23–37 °C. Nachts sollten die Temperaturen zwischen 15 und 20 °C betragen.

Mitunter betragen die Temperaturen in Mitteleuropa auch im Sommer weniger als 20 °C. Nasskaltes Wetter schadet aber den Schildkröten. Sie müssen sich jederzeit auf ihre Vorzugstemperatur aufheizen können. Durch den Einbau geeigneter Technik wird dem Rechnung getragen. Im Kegelbereich des Wärmestrahlers müssen Werte von 45 °C erreicht werden. Mittels Zeitschaltuhren lassen sich die Betriebszeiten der einzelnen Lampen und Strahler bequem steuern.

Ein Terrarium von 100 x 50 x 50 cm ist mit einer Wärmelampe von 60–100 W und einem 70-W-HQI-Strahler oder zwei Leuchtstoffröhren mit je 14–15 W (je nach Anbieter und Größe) für die Helligkeit auszustatten. In raumgroßen Terrarien ist für jedes Tier ein Wärmestrahler einzuplanen. Durch entsprechende Leuchtstoffröhren in der erforderlichen Anzahl – oder besser durch HQI-Strahler – wird die nötige Helligkeit erzeugt. Auch als Wärmestrahler können HQI-Lampen verwendet werden (mindestens 150 W), die man so hoch über dem Substrat anbringt, dass unter ihnen die notwendigen Temperaturen erzielt werden. Um zusätzlich Wärme zu speichern, werden unter den Wärmestrahler Steine, Stein- oder Schieferplatten gelegt. Die gespeicherte Wärme wird nach Abschalten der Wärmelampen abgegeben und von den Tieren zusätzlich genutzt.

Der Zoofachhandel bietet Leuchtstoffröhren für Wüstentiere an (z. B. mit UV-A-Anteil von 33 % und UV-B-Anteil von 8 %), die aber wegen der Wirkungsreichweite nur in geringer Höhe über dem Boden (10–20 cm oberhalb der Panzerhöhe der gepflegten Tiere) angebracht werden sollten. Generell ist UV-Licht für die Schildkröten wichtig, besonders dann, wenn sie kein natürliches Sonnenlicht erhalten. HQI-Strahler, sogenannte Metallhalogendampflampen, verfügen über eine hohe Lichtintensität (Lux) und geben in geringer Menge UV-Licht ab. Sie entfalten ihre volle Leuchtkraft erst nach einigen Minuten, geben

**Blick in eine Innenanlage** Foto: M. Herz

dann aber sonnenähnliche Helligkeit von bis zu 60.000 Lux ab. An einem sonnigen Sommertag in unseren Breiten kann man einen Lux-Wert von 100.000 messen. Somit erreicht man mit diesen Leuchtmitteln eine vergleichsweise sehr hohe Lichtausbeute im Terrarium. Zu empfehlen sind sie als Tageslicht-Spektrum (Daylight

oder NDL). Sie halten etwa ein Jahr, dann sind die Brenner auszutauschen. Diese Leuchtmittel sind mit Leistungen von 70, 150 und 250 W erhältlich. Da sie auch Wärme abgeben, können sie für bestimmte Behältergrößen auch als Wärmelampe Verwendung finden. Bei dem augenblicklichen Stand der Technik sind sie für die optimale Haltung von Landschildkröten die beste Wahl.

Lehmann (2007) weist auf die Wichtigkeit der UV-Bestrahlung von Terrarientieren hin und gibt Empfehlungen für den Einsatz und die Dauer der ultravioletten Strahlung. Für Pantherschildkröten ist der Einsatz der „Osram-Ultra-Vitalux"-Lampe empfehlenswert. Der Abstand vom Tier zur Lampe sollte etwa 1 m betragen. Mit der Bestrahlung der Tiere muss behutsam begonnen werden. Anfangs sind die Schildkröten zunächst fünf Minuten, später mindestens 30 Minuten zu bestrahlen (Böttcher 2007). Ein zu langes Bestrahlen kann unter Umständen zu Augenschäden führen. Die „Osram-Ultra-Vitalux"-Lampe gibt erst nach 10–15 Minuten ihren vollen UV-Anteil ab. Standardterrarien sind meist nur 50–60 cm hoch, sodass die „Osram-Ultra-Vitalux"-Lampe dann nur außerhalb des Terrariums zum Einsatz kommen kann. Die Schildkröten werden in dem Fall in einem nach oben offenen Behälter unter die Lampe gesetzt. Zugluft ist zu vermeiden.

Auch wenn Bodenheizungen in Zoofachgeschäften angeboten und empfohlen werden, so haben sie in Schildkrötenterrarien nichts zu suchen! Sie führen nur zu einem unnatürlichen Wachstum.

## Einrichtung des Zimmer- bzw. Großterrariums

BEI der Einrichtung des Terrariums kommt es weniger auf ästhetische Aspekte als vielmehr auf die Ansprüche der Pfleglinge an. Als Bodengrund eignet sich ein Substrat, das nicht stauben sollte. Verwendung können z. B. Kokosfasern, ein Lehm-Sand-Gemisch, Pinienrinde oder Buchenholzspäne finden. Auch Substrat aus geschroteten Maisstückchen, Hanfeinstreu, Rindenmulch oder Terrarienhumus kommt infrage. Das Substrat ist so hoch einzubringen, dass sich die Schildkröten panzerhoch eingraben können. Unterschlupfmöglichkeiten müssen der Größe der Schildkörten

**Zimmerterrarium für Pantherschildkröten** Foto: M. Herz

angepasst werden und können aus halbierten Kokosnussschalen, Korkeichenrinden, Blumentöpfen oder einer um- und einsturzsicheren Höhle aus Steinen bestehen. Die Unterschlüpfe sollten mit lockerem Substrat wie z. B. Heu, Stroh, *Sphagnum*-Moos oder Laub aufgefüllt werden. Heu kann dauerhaft angeboten werden: Die Schildkröten fressen es und können sich darin vergraben. Steine und Wurzeln vervollständigen die Einrichtung. In raumgroßen Terrarien sollte der Boden mit abwaschbarem Material ausgelegt sein, z. B. Fliesen, Teichfolie oder Linoleum. Mein adultes Pärchen bewohnt in den kühlen Monaten einen 12 m² großen, gefliesten Raum. Als Bodengrund benutze ich Hanfeinstreu. Eingebrachte Kübelpflanzen dienen als Deckung und verbessern zudem das Raumklima. Als Wasser- und Futternapf eignen sich Gefäße aus Edelstahl, Steingut oder Ton, da sie im Gegensatz zu Plastikbehältnissen nicht so leicht von den Schildkröten umgestoßen werden können. Vogeltränken haben sich zur Wassergabe gut bewährt, da die Tiere dort nicht hineinlaufen und auch nicht ins Wasser koten können.

Damit das Futter nicht mit dem eingebrachten Substrat vermengt wird, sollte es auf großen Schieferplatten oder Küchenarbeitsplatten angeboten werden. Heu, Stroh, Wiesenschnitt und Salate kann man in leicht erhöht angebrachten Futterraufen anbieten.

Pantherschildkröten können das ganze Jahr über Eier legen. Daher ist auch im Raumterrarium ein Eiablageplatz anzubieten. Dies kann ein eingebrachter, entsprechend geräumiger Kasten sein. Er sollte mindestens 50 cm hoch und mit grabfähigem Material gefüllt sein – Eigruben von mehr als 30 cm Tiefe sind keine Seltenheit.

Gut geeignet für die Haltung adulter Exemplare sind beheizbare Gewächshäuser oder Wintergärten, die vorzugsweise über gewachsenen Boden verfügen. Die Tiere haben so die Möglichkeit, sich direkt in den Boden einzugraben, ohne dass hierfür zusätzliches Substrat eingebracht werden muss. Lediglich ein Bodenaustausch muss von Zeit zu Zeit vorgenommen werden. Eventuell eingebrachte Pflanzen müssen vor den Tieren geschützt werden.

Natürlich muss eine mindestens 30 cm in den Boden reichende Umrandung eingebracht sein, damit sich die Tiere nicht nach draußen buddeln können.

## Pflegearbeiten

JE nach Anzahl und Terrarientyp nimmt die Pflege der Tiere unterschiedlich viel Zeit in Anspruch. Bald wird sich Routine bei den täglichen Arbeiten einstellen.

Unsere tägliche Kontrolle umfasst einen gründlichen Blick am Morgen und am Abend in das Terrarium. Sind alle Tiere aktiv und machen sie einen gesunden Eindruck? Ist genügend Futter vorhanden? Funktionieren die Gerätschaften wie Lampen, Vernebler, Zeitschaltuhren? Die Futter- und Wassergefäße müssen täglich gesäubert werden, Kot und Futterreste werden entfernt. Morgens und abends besprüht man die Einrichtung.

Mehrmals im Jahr – je nach Größe und Tierbesatz – ist das Zimmer- bzw. Raumterrarium gründlich zu reinigen. Das eingebrachte Substrat wird komplett gewechselt. Verfügen die Gewächshäuser über natürlichen Boden, ist die obere Schicht in Höhe von 20 cm (spatentief) mindestens halbjährlich

**Pantherschildkröten genießen den Aufenthalt im Freilandterrarium** Foto: M. Herz

abzutragen. Sämtliche Gerätschaften sind gründlich mit Seifenlauge abzuwaschen. Wird das Terrarium nur zu den Übergangszeiten genutzt, genügt eine Komplettreinigung vor dem Einsetzen der Schildkröten nach dem Freilandaufenthalt. Die Scheiben der Aufzuchtterrarien werden ein Mal wöchentlich gereinigt. Es ist wichtig, sich täglich der Beobachtung der Pfleglinge zu widmen. Mögliche Anzeichen von Krankheiten oder Aggressionen zwischen einzelnen Tieren sowie bevorstehende Eiablagen können so erkannt werden. Steht eine Eiablage an, ist der Nistplatz mehrmals wöchentlich zu kontrollieren. Eingebrachte Pflanzen sind zu wässern und müssen gegebenenfalls beschnitten werden. Die Umfriedung des Freigeheges ist vor dem Einsetzen der Tiere im Frühjahr nach Schäden zu begutachten. Weiterhin werden zu dieser Jahreszeit neue Futterpflanzen angesät. Am Futterplatz wird mit einer Harke die Oberfläche durchzogen, um so weitere Abfälle oder Reste von Futter zu entfernen. Das lockert zudem den Boden auf und verhindert die Ansiedlung von Mikroorganismen, die u. a. auch für Schimmelbildung verantwortlich sind.

Nachdem die Tiere im Herbst aus der Freilandanlage entfernt worden sind, kann der Boden des Geheges mit Kalk bestreut werden. Das hilft, den Boden basisch zu halten, und verhindert, dass sich Parasiten ansiedeln. Die Unterschlüpfe sind gelegentlich zu inspizieren und bei Bedarf wieder mit Heu, Stroh, Moos oder Laub aufzufüllen. Sofern die Gewächshäuser oder Frühbeethäuschen nicht über automatische Fensteröffnungen verfügen, sind bei sehr heißem Wetter die Fenster zu öffnen.

Zumeist nimmt die Pflege etwa 2–3 Stunden wöchentlich in Anspruch. Mindestens 20 Minuten täglich sollten mit der Beobachtung und Pflege der Tiere verbracht werden, ohne diese aber dabei in Unruhe zu versetzen.

## Ernährung

DIE richtige Ernährung ist für die Gesunderhaltung der Pantherschildkröten von großer Bedeutung und muss sich nach deren natürlichen Bedürfnissen richten. Grundsätzlich sind alle

**Gerne fressen die Pantherschildkröten Klee und weiden auf der Futterwiese** Foto: M. Herz

Landschildkröten Pflanzenfresser und haben einen dementsprechenden, typischen Darm. Das bedeutet, die Schildkröten können eiweißreiche Nahrung wie Fleisch oder handelsübliches „Alleinfutter“ für Schildkröten nicht vollständig verdauen. Pantherschildkröten gehören ernährungsphysiologisch zu den Spezies, die auf die Fermentierung von Zellulose im Enddarm spezialisiert sind (RODHOUSE et al. 1975; BAUR 2003). In der Natur fressen Pantherschildkröten vor allem Gräser, Sukkulenten, Pilze, Aas sowie ab und zu Früchte. Von 38 Pflanzenarten, die von Pantherschildkröten in Südafrika gefressen wurden, konnten 28 näher bestimmt werden (MERVYN 1996). Dabei handelt es sich z. B. um *Cynodon dactylon*, *Panicum deustum*, *Bulbine latifolia*, *Crassula expansa*, *Acacia karroo* und *Abutilon sonneratianum*.

Die Nahrung in Menschenobhut sollte reichhaltig, abwechslungsreich und rohfaserhaltig sein. Am besten bietet man ausschließlich Grünfutter sowie Heu an. Das Verfüttern von Obst und Gemüse sollte nur sehr spärlich erfolgen. Sofern andere Futtermittel nicht zur Verfügung stehen, ist Gemüse immer Obst vorzuziehen. Der oft empfohlene Kopfsalat aus dem Supermarkt darf mangels Inhalt an Nährstoffen sowie aufgrund seiner möglichen Belastung mit Düngerrückständen nur in größter Not verfüttert werden. Das Futter muss über ein ausgewogenes Kalzium-Phosphor-Verhältnis verfügen. Dabei orientiert man sich an dem Angebot in der freien Natur. Die Nahrung wechselt von saft- und nährstoffreichen Pflanzen in der Regenzeit zu starker, rohfaserhaltiger Nahrung danach. Der übrige Jahresverlauf bietet den Schildkröten verdorrte Gräser, Blätter und sehr faserreiche Pflanzen als Nahrung. Nach Möglichkeit werden Gräser, Wildkräuter, wie z. B. alle Kleesorten, Löwenzahn, Luzerne, Spitz- und Breitwegerich, Disteln und Brennnesseln,

**DER PRAXISTIPP**

Um den Kalzium- und den generellen Mineralstoffgehalt zu erhöhen, sollte das Futter wöchentlich mit Mineralstoffen oder mit geriebenen, abgekochten Eierschalen überpudert werden. Wildfutter und Kräuter sollten nicht am Rand stark befahrener Straßen gesammelt werden, da sie dort mit Umweltgiften belastet sind. Ungeeignet sind auch Futterpflanzen von gedüngten Flächen. Um die Aktivität der Tiere zu steigern, ist das Futter nicht immer am selben Platz anzubieten. So werden die Schildkröten gezwungen, aktiv auf Nahrungssuche zu gehen.

als Futter angeboten. Grasmahd (Wiesenschnitt), Blätter und Früchte von *Opuntia* sp., Raps (Blütenstände und Knospen) werden gerne von den Tieren gefressen. Man kann Pantherschildkröten als Futtergeneralisten bezeichnen. Für die Wasserversorgung kann den Tieren auch Gurke gereicht werden.

Im Winterhalbjahr, wenn keine Wildkräuter zur Verfügung stehen, verfüttert man Heu und Stroh. Heu ist dem Futter nach Möglichkeit immer beizumischen (DENNERT 2000). Im Fachhandel gibt es Futtermittel auf Heubasis, die aus der Pferdehaltung stammen und sich sehr gut als Futter von Schildkröten eignen. Ein- bis zweimal in der Woche können im Winter rohe Möhren und ausgetriebener Chicorée verfüttert werden.

Viele Halter und Züchter von Landschildkröten verfüttern insbesondere in den Monaten, in denen Wildkräuter nicht zur Verfügung stehen, ein Mal wöchentlich einen selbst gemachten Futterbrei. Er besteht bei mir aus Matzinger-Getreide-Gemüseflocken für Hunde, Heupellets von Agrobs (Fibre), Möhren, Gurken, Paprika, Wirsing, Chinakohl und „Korvimin ZVT“ als Mineralstoffgemisch (1 Teelöffel = 6 g für 12 Liter Futterbrei). Grundsätzlich sollte das Futter für Pantherschildkröten sehr rohfaserreich sein. Wer eine Trockenwiese hat, kann seine Tiere in den Sommermonaten dort grasen lassen. Nach meiner Erfahrung weiden die Schildkröten sehr gerne eine solche Wiese ab. Günstig ist es, wenn sie dem Terrarium angeschlossen ist.

**Südafrikanische Pantherschildkröte – *Stigmochelys pardalis pardalis* – beim Verzehr von Grünfutter** Foto: M. Herz

**Zur Ergänzung des Kalziumsgehalts des Futters ist Sepiaschulp besonders gut geeignet** Foto: M. Herz

**Jungtiere beim Verzehren von Löwenzahn** Foto: M. Herz

Das Verabreichen von Wasser an Pantherschildkröten wird kontrovers diskutiert. Insbesondere Jungtiere neigen bei zu hoher Wasseraufnahme schnell zu Durchfall und daraus resultierenden Folgeerkrankungen. Das kann bis zum Tod des Tieres führen. Daher ist den Pantherschildkröten lediglich temporär Wasser anzubieten, insbesondere jedoch nach der Eiablage. Jungtiere sollen zwei- bis dreimal in der Woche unter Aufsicht trinken.

Um einer Unterversorgung mit Kalzium vorzubeugen, ist zusätzliches Kalzium in Form von Sepiaschulp, Schneckenhäusern, alten Knochen von Rind oder Schwein, Muschelgrit, Knochenmehl oder Taubenstein anzubieten. Fledelius et al. (2005) stellten in Versuchen an Jungtieren von Pantherschildkröten ein verbessertes Wachstum bei höheren Kalziumgaben fest.

Weitere Informationen zu einer artgerechten Ernährung können dem Buch „Ernährung von Landschildkröten" von Dennert (2001) entnommen werden.

**Zur Mineralstoffversorgung kann Taubenstein im Ganzen oder zerkleinert über das Futter gereicht werden** Foto: M. Herz

# Gesundheit

PANTHERschildkröten sind als Wildfänge krankheitsanfällige Tiere, eingewöhnte Exemplare dagegen erkranken bei sachgerechter Pflege selten. Bei der täglichen Beobachtung der Tiere müssen sie auf ihren Gesundheitszustand hin untersucht werden. Besonders ist auf Nase, Augen, Maul und Kot zu achten. Die Ausscheidungen sind feste, dunkle, wurstförmige Gebilde. Abgegebener weißer Grieß ist ein Abbauprodukt und unbedenklich. Manchmal können die Tiere bei starken Temperaturschwankungen oder bei sinkenden Nachttemperaturen nach Regenfällen (Verdunstungskälte) im Freiland eine feuchte Nase haben. Sie sind dann nicht so aktiv und fressen schlechter. Hierdurch kann es zu weiteren Erkrankungen kommen. Augenscheinlich erkrankte Tiere sind von den anderen zu separieren und einem reptilienerfahrenen Tierarzt vorzustellen, insbesondere bei folgenden Symptomen:

- eingefallene, verklebte oder trübe Augen
- feuchte Nase
- geräuschvolles Atmen
- weicher Panzer (insbesondere bei Jungtieren)
- Verletzungen
- Legenot
- Nahrungsverweigerung und Teilnahmslosigkeit

**Juvenile Pantherschildkröte. Beachte die Höckerbildung infolge zu schnellen Wachstums.** Foto: M. Herz

Mitunter sind Pantherschildkröten Träger von Flagellaten und Hexamiten. Erwachsene Exemplare tolerieren bestimmte Mengen davon. Jungtiere hingegen bekommen einen weichen Panzer und versterben, wenn sie nicht behandelt werden. Generell sollten Landschildkröten nicht mit Wasserschildkröten oder Aquarien mit Zierfischen in einem Raum zusammen gehalten werden. Zierfische sind Hexamitenträger, erkranken aber selbst nicht. Wenn der Pfleger jedoch in ihr Wasser fasst und dann die Landschildkröten versorgt (oder die Einrichtung berührt), können diese sich anstecken. Wenn eine räumlich getrennte Unterbringung nicht möglich ist, sind die Landschildkröten zuerst zu versorgen und dann die Tiere in den Aquarien. Peinliche Hygiene ist hierbei unerlässlich.

Benetka et al. (2007) wiesen Ranaviren bei Pantherschildkröten nach. Viele Erkrankungen sind haltungsbedingt, liegen also in Haltungsfehlern begründet, wie z. B. Zugluft, einseitiger Ernährung oder Stress. Vor allem Pantherschildkrötenbabys sind stressempfindlich und sollten nur ausnahmsweise in die Hand genommen werden. Kommt es bei scheinbar sachgemäßer Pflege doch zu einer Erkrankung, ist in jedem Fall die Haltung zu überprüfen und gegebenenfalls zu optimieren. Nicht jede Stadt verfügt über reptilienkundige Tierärzte. Eine Liste erfahrener Reptilientierärzte findet man, wie bereits erwähnt, auf der DHGT-Homepage (www.dght.de) oder über die örtliche Tierärztekammer.

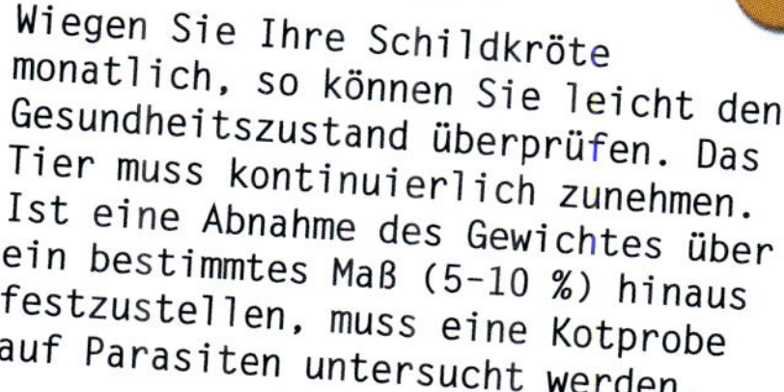
DER PRAXISTIPP

Wiegen Sie Ihre Schildkröte monatlich, so können Sie leicht den Gesundheitszustand überprüfen. Das Tier muss kontinuierlich zunehmen. Ist eine Abnahme des Gewichtes über ein bestimmtes Maß (5-10 %) hinaus festzustellen, muss eine Kotprobe auf Parasiten untersucht werden.

**Gesundes und kräftiges zweijähriges Jungtier**
Foto: M. Herz

## Nachzucht

DURCH Zersiedelung und Raubbau an der Natur werden die Lebensräume der Pantherschildkröten dezimiert. Daher sind sie in freier Natur stark bedroht. Umso mehr ist es anzustreben, die Tiere zur Nachzucht zu bringen, sodass Importe aus der Heimat zur Deckung des Bedarfs nicht mehr notwendig sind. Es sollten aber bereits vor dem Ausbrüten der Eier potenzielle Interessenten bekannt sein.

**Das Männchen balzt das Weibchen an und versucht, es durch Umwerfen am Weiterlaufen zu hindern** Foto: M. Herz

Die Aufzucht von Schildkrötenbabys ist der Höhepunkt der Schildkrötenhaltung. Grundvoraussetzungen zur Zucht sind optimale Haltungsbedingungen und Tiere in guter Verfassung. Abhängig von der Größe und dem Gewicht der Schildkröten tritt die Geschlechtsreife unter Terrarienbedingungen bei Weibchen mit etwa 8–10 Jahren ein, bei Männchen etwa zwei Jahre früher. Im Zoo von Basel erfolgte die Nachzucht der zweiten Generation jedoch mit nur fünfjährigen Nachzuchttieren (HERSCHE 1998). VETTER (2005) erwähnt eine Pantherschildkröte, die bereits mit einem Gewicht von 3 kg befruchtete Eier ablegte. Eines meiner Tiere wog zum Zeitpunkt des ersten Geleges, das aus sechs befruchteten Eier bestand, 4 kg und war vermutlich sieben Jahre alt (HERZ 2007).

Männchen zeigen schon in einem früheren Lebensalter Balzverhal-

**Pantherschildkröten bei der Paarung. Die Laute des Männchens sind weithin hörbar.** Foto: M. Herz

ten. Sie sind das ganze Jahr über paarungswillig, besonders im Frühling und im Sommer. Durch den Wechsel von Lichtintensität, Temperatur und Luftfeuchte können sie zur Fortpflanzung stimuliert werden. Das sanfte Balzverhalten der Pantherschildkröten lässt sich nicht mit den rabiaten Paarungsversuchen mediterraner Landschildkröten vergleichen. Das Männchen geht dabei sehr behutsam mit dem Weibchen um. Dadurch ist es möglich, Männchen ohne Weiteres ganzjährig mit den Weibchen zusammen zu halten, ohne dass diese gestresst werden. Das Männchen verfolgt das Weibchen für längere Zeit und versucht, es von der Seite auszuheben. Bleibt das Weibchen stehen, reitet das Männchen in der für Landschildkröten üblichen Art und Weise auf. Ist das Weibchen paarungsbereit, stemmt es sich mit den Hinterbeinen vom Boden ab und ermöglicht dem Männchen die Paarung. Diese dauert etwa 20 Minuten. Dabei stößt das Männchen hohe, brummige und keuchende Laute durch das geöffnete Maul aus, und das Weibchen

bewegt im Rhythmus dazu den erhobenen Kopf. Die Tiere sind bei ihren Paarungsbemühungen genau zu beobachten und zur Gesunderhaltung nach einer erfolgreichen Paarung notfalls zu separieren.
Etwa 4–6 Wochen nach der Paarung erfolgt die Eiablage. Der Zeitpunkt variiert mit der Herkunft der Tiere. In Ostafrika werden Gelege etwa von November bis Mai und in Südafrika etwa von September bis Juni abgesetzt. Bennefield (1982), der Pantherschildkröten unter naturnahen Bedingungen in Simbabwe pflegte, konnte Eiablagen von Dezember bis Februar und April bis Mai registrieren. Durchschnittlich enthielt ein Gelege 9,6 Eier. Schleicher & Schleicher (1997) pflegen Pantherschildkröten unter seminatürlichen Bedingungen in Namibia und konnten feststellen, dass die Weibchen besonders vor einem Gewitterregen zur Eiablage schreiten. In Menschenobhut legen die Tiere das ganze Jahr Eier ab, vermehrt jedoch in den Monaten Juni bis Oktober. Bei meinen Exemplaren erfolgten Eiablagen im Mai, Juli, Oktober und Februar. Im Abstand von 30 Tagen können dem ersten weitere Gelege erfolgen. Bis zu drei Gelege pro Jahr mit durchschnittlich 6–12 Eiern sind möglich, unter besonders günstigen Um-

**Weibchen beim Ausheben der Gelegegrube** Foto: M. Herz

ständen auch mehr. Zumeist erfolgt die Eiablage in den Nachmittags- bis Abendstunden. Eine tagelange Suche des Weibchens nach einem Legeplatz kann vorausgehen. Die Nahrungsaufnahme wird reduziert oder ganz eingestellt. Das Weibchen ist unruhig. Der ausgesuchte Eiablageplatz wird vom Weibchen intensiv berochen. Mit dem Maul nimmt es Bodenproben auf. Nun hält es sich öfter an diesem Ort auf. Manchmal finden Probegrabungen statt, ein untrügliches Zeichen für eine bevorstehende Eiablage. Mit den Vorderbeinen beginnt das Weibchen, die Grube auszuheben. Dabei werden Erdfeuchte, Temperatur und Konsistenz des Bodens getestet. Dann wird die Gelegegrube mit den Hinterbeinen vollständig ausgehoben. Sie ist meist birnenförmig und nach meinen Erfahrungen gewöhnlich 20 cm lang, 15 cm breit und 30 cm tief. Die Ablage dauert ca. drei Stunden. Legt ein Weibchen zum ersten Mal, kann der Vorgang längere Zeit in Anspruch nehmen. Die Ablage kann ebenso wesentlich länger dauern, wenn die Temperatur im Freilandterrarium in den späten Nachmittags- und frühen Abendstunden abnimmt.

Nach Vetter (2005) schwankt die Gelegegröße zwischen 3 und 30 (durchschnittlich 4–18) Eiern. Pantherschildkröten aus Ostafrika legen im Durchschnitt neun Eier, solche aus Südafrika etwa zwölf. Patterson (1988) nennt für Südafrikanische Pantherschildkröten einen Zeitraum von bis zu vier Monaten, in dem im Abstand von etwa 26 Tagen je 10–20 Eier abgelegt werden. Bei Wlach (Stralsund, mündl. Mittlg.) setzte ein Weibchen der Südafrikanischen Pantherschildkröte mit einem Gewicht von 12 kg folgende Gelege ab:

- 30.06.2006 = 10 Eier
- 12.08.2006 = 12 Eier
- 20.09.2006 = 16 Eier
- 02.11.2006 = 8 Eier
- 24.03.2007 = 12 Eier
- 20.05.2007 = 11 Eier
- 20.06.2007 = 12 Eier

Das ergibt für dieses Weibchen innerhalb eines Jahres eine Anzahl von 81 Eiern! Ein weiteres Weibchen aus der Zuchtgruppe mit einem Gewicht von 19 kg setzte folgende Gelege ab:

- 02.07.2006 = 6 Eier
- 10.08.2006 = 7 Eier
- 25.09.2006 = 8 Eier
- 08.11.2006 = 9 Eier
- 25.03.2007 = 9 Eier
- 12.05.2007 = 10 Eier

**Weibchen bei der Eiablage im Gewächshaus**
Foto: M. Herz

Dieses Weibchen legte somit in zehn Monaten 49 Eier. Die Dauer der Eiablage am 25.09.2006 betrug bei 13 °C fünf Stunden (11.00–16.00 Uhr).

Bei Jost (2001) brachte ein Weibchen drei Gelege mit insgesamt 52 Eiern hervor, bei Wolff (2006) bestanden drei Gelegen aus insgesamt 33 Eiern. Mein Weibchen setzte bislang zwei Gelege pro Jahr mit 9–11 Eiern (durchschnittlich zehn Eier) ab. Im Heidelberger Zoo produzierte ein Weibchen der Südafrikanischen Pantherschildkröte in 96 Tagen vier Gelege mit insgesamt 41 Eiern (Rohr 1972).

Im Gegensatz zu anderen Schildkröten werden die Eier bei der Pantherschildkröte nicht vom Weibchen mit einem Bein bzw. Fuß aufgefangen, sondern aus der Kloake direkt in die Eigrube gepresst. Durch den Fall erleiden die Eier manchmal Beschädigungen, jedoch scheint eine schleimige, durchsichtige Masse, die die Eier umhüllt, hiervor zu schützen. Nach der Eiablage wird die Eigrube wieder mit dem ausgehobenen Substrat verschlossen. Dazu benutzt das Weibchen die Hinterbeine. Manche Weibchen

## Inkubation

MIT dem Verschließen der Legegrube endet die Brutfürsorge der Schildkröte. Unmittelbar nach der Eiablage werden die Eier in einen Inkubator verbracht. Dies können sowohl selbst gebaute als auch käufliche Brutkästen sein. Der Eigenbau eines Inkubators nach Budde (1980) ist leicht zu realisieren. Ein Styroporbehälter (z. B.

rammen den Boden über der Eigrube mit ihrem Panzer fest.
Die hartschaligen, tischtennisballgroßen Eier müssen vorsichtig der Nistgrube entnommen werden. Liegt die Eiablage mehr als drei Stunden zurück, dürfen sie nicht mehr um ihre Längsachse gedreht werden, weil es sonst zum Absterben des Embryos kommen kann. Deshalb sind die Eier mit einem Bleistift auf der Oberseite zu markieren. Ist bekannt, von welchem Weibchen das Gelege stammt, sind Muttertier und Ablagedatum zu notieren. So gewinnt man wertvolle Daten, die eventuell helfen, die Haltungsbedingungen zu verbessern. Anhaftender Schmutz sollte vor dem Überführen in den Brutapparat entfernt werden. Nach WOLFF (2006) hat es sich bewährt, die Eier mit einer Bürste abzuwaschen und zu säubern, da so ein unmittelbares Übertragen von Einzellern des Muttertieres auf den Embryo verhindert wird. Pantherschildkröteneier wirken kugelförmig, sind aber leicht

**Gelege einer Pantherschildkröte nach dem Bergen; die Eier wurden vorsichtig beschriftet**
Foto: M. Herz

elliptisch. Sie sind durchschnittlich 45 mm groß und wiegen 40 g. Sowohl die Größe als auch die Anzahl der Eier korreliert mit dem Alter und dem Gewicht des Muttertieres. Bei einem 6,75 kg schweren Weibchen aus Uganda mit einer Carapaxlänge von 34 cm waren die bei mir abgelegten Eier durchschnittlich 45,16 x 36,26 mm groß und 35,88 g schwer.
Wenige Stunden nach der Eiablage kann sich auf befruchteten Eiern bereits ein weißer Fleck gebildet haben. Jetzt beginnt die Entwicklung des Embryos.

ein Transportbehälter aus dem Zoohandel) mit Deckel wird ca. 10 cm hoch mit Wasser gefüllt. Um die nötige Inkubationstemperatur zu erreichen, wird das Wasser mithilfe eines Aquarienheizstabs erwärmt. Nun werden zwei Backsteine hineingelegt, auf die man den Behälter mit den Eiern stellt. Diesen deckt man mit einem

**Ein frisch geborgenes, gesäubertes und markiertes Gelege in der vorbereiteten Inkubationsschale. So werden die Eier in den Brutapparat überführt. Zuvor wurden die Daten der Eier statistisch erfasst.** Foto: M. Herz

Handtuch oder einer Glasscheibe ab, die schräg aufgelegt wird, damit Kondenswasser abfließen kann. Um den Wärmeverlust gering zu halten, wird der Styroporbehälter mit dem Deckel verschlossen. Bei den regelmäßigen Kontrollen gelangt genügend Frischluft in die Box. Als Brutsubstrat eignen sich Vermiculit, Seramis-Pflanzgranulat, Sand, Perlit oder Terrarienhumus.

In diesem Eigenbauinkubator nach Budde (1980) herrscht eine ausreichende Luftfeuchtigkeit von etwa 65–80 %. Inkubatoren wie die „Jäger-Kunstglucke“ sind mit einem Wasserbehälter auszustatten, um die nötige Luftfeuchtigkeit zu erreichen. Nach Möglichkeit sollen die Eier nicht direkt mit Wasser in Berührung kommen, da sonst der Embryo absterben kann. Eine zu trockene Inkubation führt ebenfalls zum Tod der Jungtiere im Ei. Bei zu hoher Luftfeuchtigkeit schlüpfen die Jungtiere zumeist mit einem

sehr großen Dottersack. Sorgt man im Inkubator für eine Luftfeuchtigkeit von 60–70 % und führt eine Nachtabsenkung durch (siehe unten), wirkt das dem zu frühen Schlupf mit großem Dottersack entgegen. Für das erfolgreiche Erbrüten von Pantherschildkröteneiern ist es nach meiner Erfahrung unerheblich, ob diese vollständig, nur zur Hälfte oder überhaupt nicht im Brutsubstrat eingebettet sind. Sind die Eier nicht vollständig eingegraben, so unterliegen sie beim Öffnen des Inkubators jedoch Temperaturschwankungen. Wegen der besseren optischen Kontrolle bevorzuge ich es, die Eier bis zur Hälfte in leicht feuchtes Vermiculit einzugraben. Die erfolgreiche Zeitigung gelang mir sowohl im oben beschriebenen selbst gebauten Inkubator als auch in einer „Jäger-Kunstglucke".

Bei vielen Schildkrötenarten wird das Geschlecht durch die Bruttemperatur bestimmt. Leider ist bislang bei Pantherschildkröten kein Scheitelpunkt ermittelt worden. Es dürfte sich aber ähnlich wie bei Griechischen Landschildkröten der Unterart *Testudo hermanni boettgeri* verhalten. Hier ermittelte Eenderbak (1995) einen Scheitelpunkt von 31,5 °C. Bei Inkubationstemperaturen über diesem Wert entwickeln sich Weibchen, bei niedrigeren Werten dagegen Männchen. Um ein ausgeglichenes Geschlechterverhältnis zu erhalten, sind die Gelege auf zwei Inkubatoren mit unterschiedlich eingestellten Temperaturen aufzuteilen. Manche Züchter arbeiten auch mit Temperaturschwankungen in einem Inkubator, um so Männchen und Weibchen zu erbrüten.

Eier, die nach 14 Tagen noch hell sind, sind unbefruchtet und sollten aus dem Inkubator aussortiert werden, da sie bei stark fortgeschrittener Fäulnis platzen und dann fürchterlich stinken können. Befruchtete Eier erkennt man daran, dass sie mit fortschreitender Inkubationsdauer dunkler und porzellanfarben werden. Die Pantherschildkröte hält bei den Land-

**Vollständig entwickelte, jedoch vorzeitig im Ei abgestorbene Jungtiere** Foto: M. Herz

schildkröten mit 540 Tagen den Zeitigungsrekord (Obst 1985). In Südafrika, wo es aufgrund der Klimaverhältnisse zu einer Diapause in der Eientwicklung kommen kann, sind Inkubationszeiten von bis zu 485 Tagen ermittelt worden, für Simbabwe bis zu 392 Tage und für Sambia bis zu 206 Tage (Vetter 2005). Durchschnittlich beträgt die Inkubationsdauer für die Ostafrikanische Pantherschildkröte bei einer gleichmäßigen Temperatur von 30 °C ca. 110–140 Tage. Bei einer Nachtabsenkung im Inkubator verlängert sich die Inkubationsdauer.

Für *S. p. babcocki* wurden in Menschenobhut folgende Inkubationszeiten ermittelt: 249–255 Tage bei 28–30 °C (Zahner 1992); 110–167 Tage bei 29–32 °C (Jost 2001) und 94–198 Tage bei 28–31 °C. Die Tiere eines Geleges schlüpfen oftmals nicht gleichzeitig. Bei Inkubationstemperaturen während der ersten 32 Tage von 30 °C, dann 26 °C für 30 Tage und bei anschließenden konstanten Werten von 32 °C schlüpfte bei mir die erste Schildkröte nach 114 Tagen, die letzte 18 Tage später. Patterson (1988) nennt für Exemplare aus Südafrika eine Inkubationsdauer von 10–14 Monaten im Freiland.

Wlach (mündl. Mittlg.) vergrub die Eier von *S. p. pardalis* sofort nach dem Bergen vollständig in einem Erdsubstrat und verbrachte sie in eine Styroporbox. Diese wurden für 3–4 Monate bei 23–25 °C Zimmertemperatur „kalt“ gestellt. Dann erst erfolgte das Überführen in einen Bruja-Brutbehälter. Bei einer Temperatur von konstant 30 °C schlüpften die Schildkröten nach weiteren acht Monaten. Die komplette Inkubationsdauer betrug bei dieser Methode ein Jahr. Velensky & Velenska (2006) brüteten die Eier von Südafrikanischen

## Schlupf

Für die Schildkröte bedeutet es einen großen Kraftakt, sich aus dem Ei zu befreien. Anfangs sind nur kleine Risse zu erkennen, die mit der an der Schnauzenspitze befindlichen Eischwiele stetig erweitert werden. Schließlich wird das Loch so vergrößert, dass der Kopf hindurchpasst. Durch Stemmen der Beine wird das Ei weiter geöffnet. Manchmal beißt die Schildkröte dabei Stücke von der Eischale ab. Sie arbeitet sich so weit aus dem

***Stigmochelys pardalis babcocki* beim Schlupf** Foto: M. Herz

Pantherschildkröten für ca. zwei Monate bei 31 °C an, stellten sie dann bei 22–23 °C für ca. sechs Wochen „kalt" und inkubierten sie anschließend wieder bei 31 °C. Die Brutdauer betrug hierbei 196 Tage. Als optimal für die Vitalität der Jungtiere haben sich Nachtabsenkungen um 3–5 °C über 4–5 Stunden bewährt. Möchte man ausschließlich Weibchen erbrüten, ist die Temperaturverlaufskurve zu beachten. Bei Temperaturen von über 33 °C kann es zu Schildanomalien bei den Schlüpflingen kommen.

Ei, dass erst ein Bein, dann das zweite herausragt. Durch Stemmbewegungen und langsames Strecken des Panzers wird die Eischale derart aufgebrochen, dass die kleine Schildkröte das Ei verlassen kann. Bis zu 48 Stunden können vom ersten Durchbrechen bis zum endgültigen Schlupf vergehen.

Meine Nachzuchten (Herkunft der Eltern Uganda/Ostafrika) wogen beim Schlupf im Schnitt 22,70 g (63,27 % des Eigewichts) und

**Pantherschildkröte beim Schlupf** Fotos: M. Herz

waren durchschnittlich 42,12 mm lang, 35,32 mm breit und 26,97 mm hoch. JOST (2001) gibt folgende Werte für die bei ihm geschlüpften *S. p. babcocki* an: Länge 42–45 mm, Breite 35–38 mm, Gewicht 22–27 g. Eine *S. p. pardalis*, die am 22.08.1970 im Heidelberger Zoo schlüpfte, wog 26 g und hatte eine Panzerlänge von 45 mm, eine Breite von 40 mm und eine Höhe von 28 mm. Die Jungtiere können beim Schlupf zwischen 20 und 33 g wiegen (ca. 65 % des Eigewichts) und 40–50 mm lang sein.

In der Mitte des Plastrons weisen die Tiere nach dem Schlupf manchmal noch eine Querfalte auf. Diese ist wenige Stunden später durch die Streckung des Panzers nicht mehr sichtbar. Nun ist das Jungtier auch größer als unmittelbar nach dem Schlupf.

Kommen die Schildkröten mit einem großen Dottersackrest zur Welt, werden sie einzeln in separate Gefäße mit angefeuchtetem Haushaltspapier oder einem nassen Handtuch gegeben und wieder in den Inkubator verbracht. Ist der Dottersack resorbiert, können die Jungtiere in das Terrarium gesetzt werden. Ein lauwarmes Bad (ca. 30–35 °C) zur Aufnahme von Wasser ist förderlich für die Jungen.

Schlüpfling mit Dottersack Foto: M. Herz

Plastronansicht eines Schlüpflings. Die Nabelspalte ist fast verschlossen. Foto: M. Herz

Pantherschildkröte nach dem Schlupf mit Dottersack und Panzerquerfalte Foto: M. Herz

Frisch geschlüpfte Östliche Pantherschildkröte. Deutlich ist der noch vorhandene Dottersack zu erkennen. Foto: M. Herz

## Aufzucht der Jungtiere

EINE zum Terrarium umfunktionierte Plastikbox mit den Maßen 70 x 45 x 30 cm (L x B x H), die oben mit einem Gitter als Abdeckung versehen ist, eignet sich als erste Unterbringungsmöglichkeit für die kleinen Schildkröten (Herz 2005). Wegen der Stressanfälligkeit sind nicht mehr als fünf Tiere in einem Terrarium der angegeben Größe zu halten. Handelsübliche Glasterrarien, Kunststoffbehälter oder Holzterrarien können ebenso zur Aufzucht Verwendung finden. Um Verschmutzungen der Nabelspalte und des Dottersackes zu vermeiden, wird bis zu dessen vollständigen Resorption angefeuchtetes Haushaltspapier als Bodengrund verwendet. Anschließend wird Terrarienhumus aus Kokosfaser als Substrat in das Terrarium gegeben. Es handelt sich dabei um ein rein pflanzliches Produkt, das die Feuchtigkeit hervorragend speichert, hitzesterilisiert und somit weitgehend frei von Pilzen und Mikroorganismen ist. Auch andere Substrate, wie z. B. Lehm-Sand-Gemisch oder Rindenmulch, können verwendet werden. Der Bodengrund wird so hoch eingebracht, dass sich die Schildkröten darin eingraben können. Das Aufzuchtterrarium sollte gut strukturiert sein und über ausreichend Versteckmöglichkeiten z. B. in Form von Korkröhren verfügen.

Damit die jungen Schildkröten dem ungefilterten Sonnenlicht und dem natürlichen Klima ausgesetzt sind, sollten sie – sofern es das Wetter zulässt – in der Plastikbox ins Freie

**Jungtiere beim Verzehr von Wildkräutern, die ein sehr gutes Erstfutter darstellen**
Foto: M. Herz

**Aufzuchtbox für Schlüpflinge für den zeitweiligen Aufenthalt im Freiland** Foto: M. Herz

gestellt werden. Ein aufliegendes Gitter sorgt für Schutz vor Katzen, Vögeln oder Mardern. Um den Tieren Schatten anzubieten und eine Überhitzung zu vermeiden, wird das Terrarium zu einem Drittel mit einer Korkplatte abgedeckt. Bei schlechtem Wetter werden die Jungtiere in die Wohnung geholt; dort wird auf das Gitter der Plastikbox eine 70-W-HQI-Lampe (Daylight) gesetzt. Sie sorgt für die notwendige Helligkeit und Wärme. Die Beleuchtung sollte für etwa zehn Stunden täglich eingeschaltet werden. Unter dem Strahler müssen Temperaturen von bis zu 40 °C erreicht werden. Eine Nachtabsenkung bis auf 18–20 °C ist förderlich und entspricht den Gegebenheiten in der Natur.

Nachdem sie den Plastikboxen entwachsen sind, beziehen die Jungen größere Behälter. In einem handelsüblichen Glasterrarium mit den Maßen 100 x 50 x 50 cm sind beispielsweise ein 70-W-HQI-Strahler (alternativ Leuchtstoffröhren) für die erforderliche Helligkeit

**WUSSTEN SIE SCHON?**

Sepiaschale (genauer: Sepiaschulp) besteht zu 41 % aus Kalzium und stammt vom Tintenfisch. Im Zoofachhandel wird sie vorwiegend für Ziervögel angeboten. Sie ist jedoch auch ein bewährter Kalklieferant für Terrarientiere.

**Geschütztes Freilandterrarium für Jungtiere** Foto: M. Herz

**Gruppe von Schlüpflingen bei ersten Freilanderkundungen** Foto: M. Herz

und eine „Power Sun" (100 W) als Wärmestrahler einzubringen. In der Innenhaltung sind wöchentliche Bestrahlungen mit der Osram-Ultra-Vitalux-Lampe (300 W) von ca. 30 Minuten Dauer zu empfehlen. Ein- bis zweimal täglich – je nachdem, wie viel umgehend aufgefressen wird – erhalten die Jungtiere das gleiche Futter wie die Erwachsenen: im Sommerhalbjahr z. B. Löwenzahn, Spitz- und Breitwegerich, Weiß-, Rot- und Perserklee, Malvenblätter und deren Blüten, Brennnesseln und Disteln. Steht dieses Futter nicht zur Verfügung, greift man auf Blätter von ausgetriebenem Chicorée,

**DER PRAXISTIPP**

Um eine „Pyramidenbildung" des Panzers zu vermeiden und ein gleichmäßiges und glattes Heranwachsen der Jungtiere zu gewährleisten, ist ein ausreichend feuchtes Substrat wichtig (WESER 1988). WIESNER & IBEN (2003) fanden in Versuchen an 50 Schlüpflingen der Spornschildkröte heraus, dass eine zu trockene Haltung bei 24,3-57,8 % bzw. 30,6-74,8 % relativer Luftfeuchtigkeit zu stärkerer Höckerbildung führte als eine Luftfeuchtigkeit von 45-99 %. Selbst Zugaben von proteinreichem Futter hatten dagegen einen geringen bzw. nicht signifikanten Einfluss auf den Grad der pathologischen pyramidenförmigen Panzerhöckerbildung („Pyramidal Growth Syndrome", PGS). Mit nassem Schaumstoff oder *Sphagnum*-Moos in den Unterschlüpfen kann zu einer feuchteren Umgebung beigetragen werden.

**Pantherschildkrötenschlüpflinge im Vergleich: links *Stigmochelys pardalis pardalis* und rechts *Stigmochelys pardalis babcocki*. Beachte die unterschiedliche Panzerzeichnung.** Foto: M. Herz

Mutter mit Jungtieren
Foto: M. Herz

verschiedene Salate (z. B. Romana-, Feldsalat), geriebene Möhren oder Futterbrei mit erhöhtem Anteil an Heucobs (mindestens 60 %) und Anteilen von Insektenschrot zurück. Wer über genügend Pflanzen der *Opuntia* verfügt, kann deren Blätter, von Stacheln befreit und klein geschnitten, ebenfalls anbieten. Stehen die Schildkröten gut im Futter, können sie ihr Gewicht nach acht Wochen bereits verdoppelt haben. Bei diesem schnellen Wachstum ist es wichtig, den Tieren genügend Kalzium in Form von

## Wachstum

VIELE Faktoren beeinflussen das Wachstum junger Schildkröten. Artgerechtes Futter (Menge und Qualität), die notwendige Temperatur und Luftfeuchtigkeit sind wichtige Voraussetzungen für das gesunde Wachstum. Dabei ist Fütterung junger Schildkröten immer auch eine Gratwanderung. Einerseits ist ein gewisser Proteinanteil in der täglichen Nahrung notwendig, andererseits besteht bei zu proteinreicher und gleichzeitig ballaststoff- und mineralstoffarmer Nahrung in Verbindung mit hohen Haltungstemperaturen ohne Nachtabsenkung das Risiko von Störungen in der Mineralisierung des Skelettsystems. Um Probleme durch zu schnelles Heranwachsen zu verhindern, ist der Anteil besonders energiereichen Futters, wie handelsüblichen Pelletfutters (z. B. „Sera Raffy P“), in der täglichen Ration gering zu halten. Pantherschildkröten sind sehr schnellwüchsig. Bei Benzien (1958) wuchsen Exemplare in zwei Jahren von 2,5 kg auf 6 kg heran. Mit drei Jahren können Pantherschildkröten bereits mehr als 500 g wiegen. Als Richtmaß aus der freien

Sepiaschale, abgekochten Eierschalen, *Gammarus*, getrockneten Garnelen, Insektenschrot, Tauben- oder Muschelgrit zukommen zu lassen. Die Kalkgaben können auch über das Futter gestreut werden.

Die kleinen Schildkröten können wöchentlich gebadet werden, wenn kein Trinkwasser angeboten wird. Zeitweise ist jedoch eine Trinkschale zur Verfügung zu stellen. Morgens und abends wird die Einrichtung mit Wasser überbraust, um damit Tau zu simulieren. Das tägliche Übersprühen sollte den Tieren unbedingt gewährt werden, denn junge Landschildkröten haben einen höheren Wasser- und Feuchtigkeitsbedarf als adulte Exemplare. Sobald es die Witterungsbedingungen zulassen, werden die Schildkröten in das Freilandterrarium überführt. Ein per Temperatursteuerung beheizbares Frühbeethaus dient als Unterschlupf sowie als Aufenthaltsort an kalten Sommertagen. Das Gehege sollte zur Klimaoptimierung an kälteren Tagen zur Hälfte mit Hohlkammerplatten abgedeckt werden. Die gesamte Anlage muss zum Schutz vor Fressfeinden mit Kaninchendraht überspannt sein.

Natur kann gelten, dass die Tiere nach einem Jahr etwa das 3fache, nach zwei Jahren etwa das 5- bis 8-fache und nach drei Jahren bereits das 8- bis 10-fache ihres Schlupfgewichtes erlangt haben sollten. Es sind Jungtiere bekannt, die nach einem Jahr bereits 921,70 g bzw. 543 g wogen (Poglayen-Neuwall 1983). Wie alt solche Exemplare werden, wird die Zukunft zeigen.

**Jungtiere unterschiedlichen Alters im Vergleich (von links): zwei Monate; fünf Monate, ein Jahr, zwei Jahre alt**
Foto: M. Herz

# Weitere Informationen

ZUR Vertiefung der in diesem Buch gegebenen Informationen und zum tieferen Einblick in terraristische und herpetologische Themenbereiche empfehlen sich die Mitgliedschaft in einem Verein gleich gesinnter Terrarianer sowie ein intensives Literaturstudium. Die folgenden Auflistungen sollen dabei behilflich sein, einen Einstieg in die Thematik zu finden, können aber natürlich nur einen kleinen Ausschnitt aufzeigen.

## Vereine und Interessengruppen

Wer sich langfristig mit Schildkröten beschäftigen möchte, dem sei die Mitgliedschaft in einem Verein nahegelegt. Hier bekommt man nützliche Kontakte zu Gleichgesinnten, erhält die Möglichkeit zum Tiertausch, kann sich auf Veranstaltungen fortbilden und erhält regelmäßig die fachspezifischen Zeitschriften.

In Deutschland ist es vor allem die Deutsche Gesellschaft für Herpetologie und Terrarienkunde e. V., die sich mit Reptilien und Amphibien beschäftigt (www.dght.de). Im Mitgliedsbeitrag sind u. a. mehrere Fachzeitschriften enthalten. Die größte Arbeitsgemeinschaft der DGHT ist die AG Schildkröten (www.ag-schildkroeten.de), die neben regionalen Veranstaltungen die vierteljährlich erscheinenden Schildkrötenzeitschriften RADIATA und MINOR herausbringt.

In der Schweiz ist es die Schildkröten-Interessengemeinschaft Schweiz (www.sigs.ch), die die dortigen Schildkrötenfreunde vereint und die Zeitschrift TESTUDO herausbringt.

Österreich hat aktuell mehrere Organisationen; als Beispiel sei die Internationale Schildkröten Vereinigung (www.isv.cc) erwähnt, welche ihre Mitglieder in der Publikation SACALIA mit Fachbeiträgen informiert.

Natürlich gibt es auch in anderen Nationen Schildkröten-Vereinigungen: So gibt es zum Beispiel in den Niederlanden die Nederlandse Schildpadden Vereniging (www.trionyx.nl). Allen Vereinigungen gemein ist die Tatsache, dass deren Mitglieder nicht nur für die Haltung und Vermehrung von Schildkröten sorgen, sondern sich aktiv für den Arten- und Naturschutz einsetzen. Sie unterstützen Hilfsprojekte, koordinieren Zuchtprogramme und bringen den Menschen die faszinierende Welt der Schildkröten näher!

## Untersuchungsstellen

Kotproben, Sektionen und andere Untersuchungen können von spezialisierten Tierärzten oder von veterinärmedizinischen Untersuchungsstellen vorgenommen werden, die es in vielen Städten gibt.
Eine Liste mit Tierärzten, die sich mit Reptilien und Amphibien beschäftigen, kann über die DGHT bezogen oder auf www.dght.de eingesehen werden.
Überregional bekannt sind z. B. folgende Einrichtungen:

- exomed (www.exomed.de)
- LABOKLIN (www.laboklin.de)
- Landesbetrieb Hessisches Landeslabor (www.lhl.hessen.de)

## Zeitschriften

- REPTILIA
Terraristik-Fachmagazin
erscheint sechs Mal jährlich,
Natur und Tier - Verlag GmbH
An der Kleimannbrücke 39/41
48157 Münster
Tel.: 0251-133390
E-Mail: verlag@ms-verlag.de

- MARGINATA
Schildkröten-Fachmagazin
erscheint vier Mal im Jahr
Andreas S. Hennig
Raustraße 12
04159 Leipzig
Tel.: 0341-2682492
E-Mail: hennig@heimtierbuch.de

# Weiterführende und verwendete Literatur


## Bücher

BAUR, M. (2003): Untersuchungen zur vergleichenden Morphologie des Gastrointestinaltraktes der Schildkröten. – Edition Chimaira, Frankfurt/M., 333 S.

BUNDESMINISTERIUM FÜR ERNÄHRUNG, LANDWIRTSCHAFT UND FORSTEN (1997): Gutachten über Mindestanforderungen an die Haltung von Reptilien. – Inhaltlich unveränderte Sonderausgabe der Deutschen Gesellschaft für Herpetologie und Terrarienkunde e.V. (DGHT), Rheinbach, 67 S.

DENNERT, C. (2021): Ernährung von Landschildkröten. – Natur und Tier - Verlag, Münster, 143 S.

ERNST, C.H. & R.W. BARBOUR (1989): Turtles of the World. – Smithsonian Institution Press, Washington und London, 313 S.

GRAY, J.E. (1872): Appendix to the Catalogue of Shield Reptiles in the Collection of the British Museum. – Teil 1: Testudinata (tortoises). – British Museum, London.

HERZ, M. (2007): Die Breitrandschildkröte *Testudo marginata*. – Natur und Tier - Verlag, Münster, 64 S.

IVERSON, J.B. (1992): A Revised Checklist with Distribution Maps of the Turtles of the World. – Richmond (Selbstverlag), 363 S.

KLINGELHÖFFER, W. (1959): Terrarienkunde: Schildkröten, Panzerechsen. Band 4. – Alfred Kerner Verlag, Stuttgart, 379 S.

MÜLLER, M.-J. (1996): Handbuch ausgewählter Klimastationen der Erde. – Forschungsstelle Bodenerosion der Universität Trier, Mertensdorf (Ruwertal), 5. Heft, 400 S.

OBST, F.J. (1985): Die Welt der Schildkröten. – Edition Leipzig, 235 S.

PATTERSON, R. (1988): Reptilien Südafrikas. – Landbuch Verlag, Hannover, 128 S.

RUDLOFF, H.-W. (1990): Schildkröten. – Urania Verlag, Leipzig, 155 S.

SASSENBURG, L. (2000): Schildkrötenkrankheiten. – bede-verlag, Ruhmannsfelden, 96 S.

VETTER, H. (2005): Panther- und Spornschildkröte, *Stigmochelys pardalis* und *Centrochelys sulcata*. – Edition Chimaira, Frankfurt/M., 192 S.

VINKE, T. & S. VINKE (2004): Vermehrung von Landschildkröten. – Herpeton Verlag, Offenbach, 189 S.

## Zeitschriftenartikel

AMER, S.A.M. & F.A.E. SALLAM (2006): Features of mitochondrial DNA in African tortoise „*Geochelone pardalis*“ and their phylogenetic implications. – Journal of the Egyptian German Society of Zoology 49C: 163–176.

BELL, T. (1828): Description of three new species of land tortoises. – Zool. J., London, 3: 419–421.

BENETKA, V., E. GRABENSTEINER, M. GUMPENBERGER, C. NEUBAUER, B. HIRSCHMÜLLER & K. MÖSTL (2007): First report of an iridovirus (Genus *Ranavirus*) infection in a Leopard tortoise (*Geochelone pardalis pardalis*). – Wiener Tierärztliche Monatsschrift 94 (9–10): 243–248.

BENNEFIELD, B.L. (1982): Captive Breeding of the tropical Leopard Tortoises, *Geochelone pardalis babcocki*, in Zimbawe. – Testudo 2(1):1–5.

BENZIEN, J. (1958): Beobachtungen über die Entwicklung der Zeichnung bei Pantherschildkröten – *Testudo pardalis babcocki* LOVERIDGE. – DATZ, Stuttgart,11(4): 121.

BIDMON, H.-J. (2006): Aquarienheizer, Wasserkanister und Basaltsäulen zur Temperierung von Frühbeeten und Legehügeln während der Freilandhaltung von Schildkröten: Langjährig erprobte, praktikable Alternativen. – Schildkröten im Fokus-Sonderband, Bergheim: 39–48.

BÖTTCHER, M. (2007): Die Versorgung von Reptilien in der Terrarienhaltung mit ultraviolettem Licht. – elaphe 15(1): 32–37.

BUDDE, H. (1980): Verbesserte Brutbehälter zur Zeitigung von Schildkrötengelegen. – Salamandra 16(3): 177–180.

DENNERT, C. (2000): Verwendung von Heucobs als Ergänzungsfutter für Landschildkröten. – DRACO 1(2): 52–55.

EENDERBAK, B.T. (1995): Incubation period and sex ratio of Herman's tortoise, *Testudo hermanni boettgeri*. – Chelonian Conservation and Biology, Lunenburg 1(3): 227–231.

FLEDELIUS, B., G.W. JORGENSEN, H.E. JENSEN & L. BRIMER (2005): Influence of the calcium content of the diet offered to leopard tortoises (*Geochelone pardalis*). – Veterinary Record 156(26): 831–835.

FRITZ, U. & P. HAVAS (2006): Checklist of Chelonians of the World at the request of the Cites Nomenclature Committee and the German Agency for Nature Conservation. – Dresden, Museum für Naturkunde, 230 S.

– & O.R. BININDA-EMONDS (2007): When genes meet nomenclature: Tortoise phylogeny and the shifting generic concepts of *Testudo* and *Geochelone*. – Zoology (Jena) 110(4): 298–307.

– S.R. DANIELS, M.D. HOFMEYER, J. GONZALES, C.L. BARRIO-AMOROS, P. SIROKY, A.K. HUNDSDÖRFER & H. STUCKAS (2010): Mitochondrial phylogeography and subspecies of the wide-ranging sub-Saharan leopoard tortoise

*Stigmochelys pardalis* (Testudines: Testudinidae) - a case study for the pitfalls of pseudogenes and GenBank sequences. – Journal Zoological Systematics Evolutionary Reserch 48(4): 348-359.

Gerlach, J. (2001): The „*Geochelone*“ problem in tortoise taxonomy. – Phelsuma, Victoria, 9(A): 1–32.

Hersche, H. (1998): Vivarium. Zoo Basel. – Fachmagazin Schildkröte, Rothenfluh 1(5): 5–11.

Herz, M. (2005): Unerwartete Nachzucht von *Testudo hercegovinensis*, Werner, 1899. – Radiata, Lingenfeld 14(4): 13–19.

– (2007): Anmerkungen zur Aufzucht und Einsetzung erster Eiablagen bei der Ostafrikanischen Pantherschildkröte *Stigmochelys pardalis babcocki* (Loveridge, 1935). – Sacalia, Stiefern 14(5): 5–15.

Holfert, H. & T. Holfert (1999): Europäische Landschildkröten im Freilandterrarium. Langjährige Erfahrungen mit Haltung und Vermehrung. – REPTILIA 4(3): 24–31.

Jost, U. (1999): Die Ostafrikanische Pantherschildkröte *Geochelone pardalis babcocki* (Loveridge, 1935). – Bemerkungen zu Haltung, Nachzucht und Aufzucht. – Emys 6(6): 5–31.

– (2001): Zur Haltung und Nachzucht der Ostafrikanischen Pantherschildkröte *Geochelone pardalis babcocki* (Loveridge, 1935). – DRACO 2(4): 34–49.

Kupferschmid, M. (2008): www.tropische-landschildkroeten.de.

Lehmann, H.D. (2007): UV-Bestrahlung im Terrarium – der Status quo. – elaphe 15(4): 20–29.

Loveridge, A. (1935): Scientific results of an expedition to rain forest regions in eastern Africa. – I. New reptiles and amphibians from East Africa. – Bulletin of the Museum of Comparative Zoology 79: 1–19.

– & E.E. Williams (1957): Revision of the African tortoises and turtles of the suborder Cryptodira. – Bulletin of the Museum of Comparative Zoology 115(6): 230–254.

Mason, M.C. (1996): Tortoises as seed dispersers in semi-arid rangelands (valley bushveld). – S. 127 in: SOPTOM (Hrsg.): Proceedings of the International Congress of Chelonian Conservation, Gonfaron, Editions SOPTOM.

McMaster, M.K. & C.T. Downs (2008): Digestive parameters and water turnover of the leopard tortoise. – Comparative Biochemistry and Physiology – Part A Molecular and Integrative Physiology 151(1): 114–125.

Meier, E. (1997): Eiablageprobleme bei Schildkröten – ein meist hausgemachtes Problem. – REPTILIA 2(4): 62–64.

Philippen, H.-D. (2006): Pantherschildkröten *Stigmochelys pardalis* (Bell, 1828). – MARGINATA 2(4): 10–15.

– (2007): Beschlagnahmung von Schildkröten geschützter Arten rechtmäßig. – MARGINATA 4(3): 4–5.

Poglayen-Neuwall, I. (1983): Geglückte Zucht der Panther-Schildkröte (*Geochelone pardalis babcocki*). – Zool. Garten (N.F.) 53(3/5): 217–225.

Rödel, M.-O. (1990): Beitrag zur Kenntnis einiger kenianischer Schildkröten und ihrer Lebensräume. – Sauria 12(1): 25–29.

– (1992): Weitere Daten zur Verbreitung und Habitatwahl von *Geochelone pardalis babcocki* (Bell, 1828), *Pelomedusa subrufa subrufa* (Lacepede,1788) und *Pelusios sinuatus* (Smith, 1838) in Kenia. – Sauria 14(2): 33–38.

Rodhouse, P., R.W.A. Barling & W.I.C. Clark (1975): The feeding and ranging Behaviour of Galapagos giant tortoises (*Geochelone elephantopus*). – J. Zool. London 176: 297–310.

Rohr,W. (1972): Einige Beobachtungen zur Fortpflanzungsbiologie der Pantherschildkröte (*Testudo pardalis*). – DGHT-Rundbrief Nr. 35, Bonn: 5–6.

Schleicher, A. & Schleicher (1997): Wissenswertes aus dem Leben der Pantherschildkröten (*Geochelone pardalis*, Bell, 1828) im südlichen Afrika. – Schildkröten, Linden, 4(4): 3–10.

Schweizer, H. (1958): Über Zeitigungsdauer von Eigelegen und Jugendkleid von Strahlen- und Pantherschildkröten. – DATZ, Stuttgart 11(12): 372–374.

Weser, R. (1988): Zur Höckerbildung bei der Aufzucht von Landschildkröten. – Sauria 10(3): 23–25.

Wiesner, S. & C. Iben (2003): Influence of enviormental humidity and dietary protein on pyramidal growth of carapaces in African spurred tortoises (*Geochelone sulcata*). – Blackwell Verlag Berlin, J. Anim. Physiol. a. Anim. Nutr. 87: 66–74.

Wolff, B. (2003): Beschreibung der Pantherschildkröte *Geochelone pardalis* (Bell, 1828) sowie Bericht über die Haltung und Zucht dieser Art. – Radiata, Lingenfeld, 13(3): 3–15.

– (2006): Biotope der Pantherschildkröte (*Stigmochelys pardalis* [Bell, 1828]) sowie Angaben über die Haltung und Nachzucht der Unterart *Stigmochelys pardalis babcocki* (Loveridge, 1935). – MARGINATA 2(4): 21–30.

Velensky, P. & N. Velenska (2006): Zucht der südafrikanischen Pantherschildkröte (*Stigmochelys pardalis pardalis* [Bell,1828]) im Zoo Prag (Tschechische Republik) – Erste Resultate. – MARGINATA 2(4): 16–20.

Zahner, H. (1992): Erfahrungen bei der Haltung und Zucht der Pantherschildkröte, *Geochelone pardalis pardalis* (Bell, 1828). – Sauria 14(4): 15–19.

# Bücher für Ihr Hobby

## Ernährung von Landschildkröten

C. Dennert

144 Seiten, 131 Farbfotos,
Softcover, Format: 16,8 x 21,8 cm
5., überarbeitete Auflage

ISBN 978-3-86659-483-8
24,80 €

Landschildkröten sind beliebte Haustiere. Doch die scheinbar so robusten Reptilien stellen hohe Anforderungen an ihre Ernährung.

Dieses Buch stellt erstmals die Grundlagen der Ernährung sowie alle gängigen Futterpflanzen und Fertigfuttermittel vor. Hinweise zur richtigen Fütterung der einzelnen Landschildkrötenarten runden dieses besondere Werk ab. Aus umfangreichen Tabellen können die Nährstoffgehalte aller üblichen Futterpflanzen sowie die richtige Dosierung der handelsüblichen Vitamin- und Mineralstoffpräparate entnommen werden.

## Griechische Landschildkröten

M. Rogner

168 Seiten, 131 Farbfotos
Format: 16,8 x 21,8 cm
Softcover

ISBN 978-3-937285-44-3
24,80 €

## Maurische Landschildkröten *Testudo graeca*

M. Herz

144 Seiten, zahlreiche Farbfotos
Format: 16,8 x 21,8 cm
Softcover

ISBN 978-3-86659-208-7
24,80 €

## Die Breitrandschildkröte *Testudo marginata*

M. Rogner

112 Seiten, 82 Farbfotos
Format: 16,8 x 21,8 cm
Softcover

ISBN 978-3-937285-46-7
24,80 €

**Natur und Tier - Verlag GmbH**
An der Kleimannbrücke 39/41 · 48157 Münster
Telefon: 0251 - 13339-0 · Fax: 0251 - 13339-33
E-Mail: verlag@ms-verlag.de

**www.ms-verlag.de**